冷熱吃都美味!

元氣滿滿肉便當

36款營養飯盒╳50道不復熱配菜

抽屜積水 *DiDi*・著

目錄

Chapter 1
一口接一口的
滿足
大肉塊便當

Chapter 5
不復熱也美味的
家常配菜

作者序

我有一個廚藝很好的媽媽。小時候家裡住得偏僻，對於小吃的體驗都來自於偶爾的全家出遊。遊樂場的炸熱狗、路邊攤的海鮮麵、夾著小黃瓜片的火腿麵包、餐館裡的招牌料理……，那些每每出遊回家後，總是回味不已的美食，都會透過媽媽的手重現。那時候的我只覺得，在家裡也能吃到想吃的小吃真是太幸福了，成為童年記憶中印象最深刻的事。

上了高中，第一次體驗到學校中央廚房的菜色。常常在回家後跟媽媽分享今天吃到什麼沒吃過的料理，希望媽媽也能試試看。現在回想起，卻覺得料理似乎是當時進入青春期後，比較能跟爸媽輕鬆聊起的話題。

等到自己成為媽媽，看到三兄弟堵在小小廚房門口，不管我正在做什麼都想試吃一下的樣子，就成為我踏進廚房的動力。有時只是試吃打好的奶油、攪拌中的麵糊，他們都是一臉幸福的模樣。我想他們長大後也會在某個時刻想起，然後感嘆當時的美好吧！

帶便當上學，也是我小時候夢想的事。但因為小學就在家隔壁，是那種近到能從圍牆呼喚媽媽的距離，所以沒有實現過帶便當上學的願望，就成了我心中的待辦清單。大哥上小學時，我懷著圓夢的心態，做了第一個便當。到現在還記得當時的菜色，非常家常且符合小學生的喜好。其中的滷肉，更是拿著筆記本詢問媽媽料理步驟得來的寶典。

從一個便當到三個便當,偶爾也幫Mars先生準備一個。轉眼間,便當生活不知不覺變成每天生活中最重要的一件事。不知道從什麼時候開始,每天睡前就會有人這麼問。

「明天的便當吃什麼?」

「吃炸肉排喔!」得到的是歡呼聲。

「吃青椒炒肉絲喔!」馬上後退三步。

「明天的便當吃什麼呢?」不只三兄弟很想知道,有時候他們的同學也想知道。因為每天的午餐時間可以互相交流、交換菜色,是每天上學的一大樂事。

一開始在IG上分享便當文,只是為了記錄自己的料理步驟。因為對我來說,同一道料理也可能每次的作法都不相同,而且我也會忘記到底上一次做了什麼更動。我的料理既不正統也不講究,喜歡縮短各種費事的前置作業,捨去可能只用一、兩次便被遺忘的調味料。雖然很熱衷於嘗試各種調味料,但其實我的廚房,只要有醬油、鹽、黑胡椒、奶油、味醂就可以運作。

原本就很隨性的我,這樣的偷懶作法常常讓我在回覆網友問題時,感到有一點心虛。但這就是我的方式並且樂在其中,家庭料理就是這麼自在,要先簡化才能持續。

因為想不出名字，就沿用了以前個人網站的名稱。「抽屜積水」其實沒有任何的特殊意義，它不過是個人網站時期用的名稱，相似於現在的文青用語。沒想到因此找回一些以前就關注的網友，以年資來說真的相當久遠，有些網友當年都還在讀書，現在再相會都已成為媽媽。這是最奇妙的事，因為她們也看著我們家三兄弟長大，然後我們又因為料理而相遇。

舊一代的網友當了媽媽，新一代的網友則是帶著媽媽一起來關注。女兒挑戰了我分享的料理食譜，媽媽看到後很感動。私訊跟我說：「不怕她在外讀書會吃不好了。」

相較於大家從我這邊學到不同的作法或食材運用，我也從大家身上，看到更多不同的可能還有溫暖的氛圍。因此對於每一則留言跟私訊，我都很認真回覆，因為每一道料理背後都有一個故事，每一句話都無比珍貴。

這本書記錄的是我們家最常出現的便當菜色，也是這十一年來的一種記錄。便當日記只是我人生中的一段過程，它隨著三兄弟逐漸長大而開始，也可能在未來幾年就步入尾聲。希望在這之後的某年，他們也會在有一天突然想起媽媽的便當。不管在什麼年紀、什麼時間點，想起便當就想起愛的感覺。

唉啊，好像有點肉麻耶！
男子宿舍的舍監好像很難對他們公然示愛啊，也只能這樣了。

抽屜積水 Didi

準備
便當之前

肉便當的美味祕訣
預先醃漬肉類與保存方式

不管是從超市、傳統市場或美式連鎖賣場，
買了肉品回家，首先要做的都是將肉品分類、醃漬跟分裝冷凍。

冷凍過的肉品並不會影響風味，需要
注意的是，必須完整密封保存，才不
會跟冷凍庫裡的味道互相影響。醃漬
好後就冷凍的方式，可以減少調味料
的使用，冷凍也讓肉品更容易入味。
最後再確實標註上用途、部位跟冷凍
日期，以免放置過久忘記取用。

⟨依用途分類⟩

即使是大量採購的肉品，也會想辦法變化各種不同的料理方式，才不會吃膩。所
以一開始的分類很重要，例如購買了美式連鎖賣場的去骨雞腿肉，我會先依雞腿
排外觀，分成「雞腿排、炸雞塊、蔬菜雞腿肉捲」三大類。

· 雞腿排：

完整的雞腿排直接放至密封袋後，加入少許鹽跟黑胡椒搓揉一下，放平冷凍保
存。下次取出退冰後，可依想要的調味醃漬後，再料理。

· 炸雞塊：

選擇較小且不方正的去骨雞腿排，切塊後先做基本醃漬，冷凍保存。基本醃漬的調味通常為「鹽麴、醬油、蒜泥、黑胡椒各少許」，醃漬分量不過重，以便之後想變化口味時有調味的空間。直接料理也沒問題，可以再搭配沾醬或做成有醬汁的料理也很適合。

· 蔬菜雞腿肉捲：

要做成肉捲，就需要大且方正的雞腿排，在分類時，先把較厚實、能片開成比較方正的雞腿排，挑出來。一樣加入基本醃漬後，先做成半成品再分裝冷凍。因為蔬菜包在一起冷凍的關係，加熱後較容易軟化，雖然口感會偏軟，卻省下不少時間。

依用途醃漬

依用途醃漬可以分成只做「基本醃漬」跟「已確定口味的醃漬」。

1.「基本醃漬」:

一種是只加「鹽跟黑胡椒」還保有另外醃漬調味的空間;另一種是加了「鹽麴、醬油、蒜泥、黑胡椒各少許」的方式,即使直接料理也可以。

跟別人不同的是,我比較喜歡沒有多餘醬汁的醃漬方法。所以不會使用過多的液體材料,醃漬的分量也不過多,能在料理時隨意更換調味,或依照烹煮當天的心情隨時更換口味。

2.「已確定口味的醃漬」:

大多是比較獨特的口味(例如韓式辣醬美乃滋),直接取出退冰後料理即是成品,也就是日本很流行的半調理冷凍材料包。有常做或喜歡的料理,就可以先預先醃漬冷凍備用。

半成品＋自製的冷凍食材

大量採買的好處,在於適合大量製作。自製的冷凍食品步驟比較繁瑣,一次只做一些有點花時間,不如一次多做起來冷凍保存。

例如漢堡排,一次做多一點的分量,可以分成漢堡排、早餐肉排或肉丸子來保存。還有餃子、雞肉丸子、肉捲蔬菜、用燒肉醬醃漬好的肉片,或是多做了一兩份又無法當餐食用完畢的料理,或將餃子用不完的肉餡做成春捲。以上都適合當作半成品冷凍,料理前一天,只需取出到冷藏退冰再料理即可,省掉前置作業,大大提升了便當生活的便利度。

各種肉品的
聰明選購技巧

肉品的購買跟選擇，是很多料理新手頭痛的問題。
相信大家都有差不多的經驗，搞不清楚分量買了太多，
不了解各部位的特色，買錯了？
或是看起來好像不錯，但買回家卻不知道怎麼料理？
對我來說，有時看到沒看過的肉品部位，
也會有一種好想試試看的心情，失敗了也沒關係，
畢竟經驗都是累積而來的。

日常最常選購的方式

傳統市場

上市場購買可能會眼花撩亂，不知道也看不出部位差異，而無從下手。一開始可以花一點採買學費跟老闆培養感情，或將想做的料理告知，並請老闆推薦使用部位也是一個方法。我最喜歡的老闆是會直接詢問你：「要煮什麼？」，或是閒聊時他對於料理也有自己的一套想法，這樣的老闆可以讓你在採買上的選擇更輕鬆。等採買次數多了，也會在心裡建立一套屬於自己的標準。

生鮮超市

現在生鮮超市的肉品選擇也越來越多元，肉品處理的方式也方便各種料理使用。乾淨的貨架，加上標示清楚的名稱跟價格，分量較少，買起來也很輕鬆沒有壓力，適合家中不常開伙的人。就跟剛開始下廚的人會認不出各種蔬菜一樣，有了名稱標示的超市，可當成新手的教科書，有些肉品的處理方式，更是只有超市才有。以帶油脂的里肌厚片來說，傳統市場跟美式連鎖賣場的販售，就沒有這樣的切法。

美式連鎖賣場

以大量販售方式的美式連鎖賣場，因為一次同品項採買的分量很多，正適合人口數多、用量很大的我們家。採買後一連串的前置處理（改刀、依用途醃漬、分裝、冷凍保存），因為很耗時間所以得在假日才能製作。大量採買及一次性的提前依用途分類做醃漬，前置作業雖然費時，但對日常的使用來說卻很方便，只要前一天提早解凍就可以料理。品項豐富、標示也很清楚，缺點就是對一般人來說，量太多了。

網購

這幾年網購生鮮也很熱門。跟一般超市不同的是，除了品項清楚之外，也會提供料理方式參考。依方便使用的分量做真空包裝也很方便，冷凍運送也不影響新鮮度。適合不方便出門採買的新手媽媽們，偶爾會有一些特殊的品項，也很受歡迎。

最常使用的
肉品部位

豬里肌

一整條豬里肌中,老闆總說最好吃的是前段。前段最好吃的是帶有雙色肉的部位,常常都是請老闆幫忙切成薄片與厚片兩種。回家簡單地醃漬後冷凍備用,當早餐肉片或正餐的懷舊炸肉排都好用,是屬於可以救急的庫存。大里肌前段是口感較好的部位,切成厚片斷筋後,稍微拍打一下也可以用來做炸豬排,相當經濟實惠。

豬里肌2

我經常在生鮮超市購買帶有油脂的豬里肌,因為這樣處理的肉片在傳統市場沒有。因前端帶有油脂,所以必須做好斷筋的動作,加熱時才不會因為收縮捲起,造成加熱不均;也因為含有油脂,讓里肌肉吃起來不乾柴,直接用香料跟橄欖油醃漬就很美味了。

豬五花肉

熱愛用五花滷肉的我,如果剛好上市場看到肥瘦均勻的五花肉,就會忍不住買回家。回顧我的滷肉史,五花肉塊是越切越厚、越大塊!使用保溫性佳的鐵鍋燉肉,肉切得大塊,燉好後外型完整、內裡軟嫩!一人一塊就已滿足。如果時間不夠,又想來滷一鍋的話,就會選擇超市裡的薄片五花肉條。
因為厚度薄,能夠在短時間入味。直接切片也可以做成其它料理:回鍋肉、客家小炒、韓式烤肉,可說是變化性很多的食材。

豬肋排

肋排、子排、排骨分不清嗎?通常購買時老闆都會問要煮湯?要燉?要烤?後來我都直接跟老闆說我要肉多的排骨。豬肋排這個部分,通常要先跟市場老闆預訂,才能有這麼大塊、肉多且軟嫩的部位。也因為帶骨,所以必須先想好用途後,請老闆幫忙切好大小。因為厚度較厚,回家可再把排骨肉的部位切半。豬肋排用來燉或烤最好,煮湯就有點浪費了。煮湯的排骨,可選擇較沒有肉的龍骨、或較有肉的梅花排,比較獨特的軟骨排也很適合。

豬絞肉

如果是在傳統市場買絞肉,我通常都會自己選一塊梅花肉請老闆絞,通常只絞一次。在超市購買的絞肉,有的也會很貼心地分成粗絞肉跟細絞肉,就跟傳統市場的絞一次或兩次一樣。可依料理需求不同來選擇。絞肉的用途相當多,超市的冷凍肉品還有低脂絞肉的選項。但我比較偏愛絞肉要有一點油脂,所以會選擇用梅花肉。絞肉來做滷肉燥、肉丸子、漢堡排、炒絞肉料理,或是取代肉絲跟蔬菜一起炒。

松阪豬

松阪豬 (松阪邊肉)的口感很特別,整塊松阪豬拿來做蒜泥白肉非常美味,拿來滷或用來做糖醋排骨、粉蒸肉,都非常適合。因為本身就有油脂分布的關係,取代排骨料理完全沒問題。沒有骨頭會占便當空間的困擾,簡單的蜜汁醃漬烤過後,帶點Q勁的口感更是迷人。

豬五花肉片

肉片料理方便簡單又能快速上菜。選擇長且薄的五花肉片，也能用在各種肉捲蔬菜上。因為薄，所以在分裝冷凍後，也能縮短退冰的時間，在臨時需要加菜的時候，是最方便的選擇。適合用在馬鈴薯燉肉、燒肉、蔬菜肉捲、酸菜白肉鍋、蔬菜烤肉串。也很適合用來炒菜，利用本身的油脂就不需額外再放油了。

豬梅花肉片

跟豬五花肉片用途一樣，差別在於，如果不喜歡油脂太多，那麼豬梅花肉片是比較好的選擇。

豬梅花厚片

我們家的炸豬排除了使用里肌肉之外，還有一個選項就是豬梅花。如果在市場看到漂亮的豬梅花，就會切成厚片，分成炸豬排（筋比較少一點的）跟用來煎梅花骰子兩種。豬梅花厚片用來炸豬排，能吃到一點筋的部位，本身油脂也夠，所以使用烤箱做免炸豬排的話，吃起來會比用豬里肌更美味；煎梅花骰子就很單純享用食材的原味，只簡單的加以醃漬，厚片煎過後再切成骰子狀，吃起來還有香噴噴的肉汁。

雞胸肉

減脂是這幾年很熱門的話題，但在我們家雞胸肉的使用，卻是為了讓小孩有多一點咀嚼口感，還有省一點菜錢。媽媽這工作有時很單調無趣，當他們有一次跟我說雞胸肉要咬比較久不喜歡，媽媽就認真的跟他們較勁上了。從此開始大量採買雞胸肉，變化各種料理。做成炸雞塊雖然沒有雞腿肉軟嫩，但包在飯糰裡一樣美味；切成雞丁跟各式蔬菜拌炒，或用坦都里醬來增加它的美味；也可以直接使用雞胸肉做成雞絞肉，家裡狗狗的鮮食也大多仰賴雞胸肉。

雞里肌

雞里肌大部分是從生鮮超市購買的，比雞胸肉軟嫩，相對來說孩子們的接受度也較高。獨特的外型，醃漬過後，如果使用橫紋鍋烙紋，更覺得美味。串燒、炸雞柳條、以香料醃漬後燒烤、鐵鍋炙燒、做雞丁使用，口感比雞胸肉更好。

雞二節翅

身為雞翅愛好者的我，大部分都是直接煎或烤雞翅。如果你是喜愛喝湯的人，用雞翅跟金華火腿燉湯的美妙滋味，就一定要試試看了。因為很喜歡雞翅，所以不願意看到有人浪費它，常常會在處理雞翅時，把小翅剪下變成一小盤下酒菜。說也奇怪，平常不愛啃小翅、嫌棄沒肉的孩子們，看到單獨一盤的烤小翅，反而會啃得津津有味。

雞棒棒腿

滷雞腿、炸雞腿,台式便當主菜裡少不了的就是它。雖然說少了雞腿排的部位,常常都是一人一隻還不太過癮,但是滷(炸)雞腿的出現,往往都能在午餐時間擄獲同學們羨慕不已的眼光。雞棒棒腿比較厚實,在醃漬前,從底部沿著骨頭的方向劃兩刀,可以幫助入味跟熟透。

去骨雞腿排

去骨雞腿排是三兄弟便當中很常出現的食材,因為太常使用,所以通常會在美式連鎖賣場購買。各種口味的烤雞腿排、炸雞塊、雞腿肉捲、燉肉都適用。雞腿排因為口感軟嫩做什麼都好吃,也從來不擔心用不完。

帶骨羊排

羊肉的部分,三兄弟較能接受的是以香料醃漬後的羊排。帶骨羊排的造型也很受小孩喜愛,有一點吃豪華餐點的歡樂感。簡單的橄欖油跟香料醃漬後,以鐵鍋煎香即可,簡單的料理方式也很適合媽媽偷懶。

常用的自製鹽麴

自從2016年從朋友那裡獲得,她上課自製的鹽麴跟醬油麴,讓原本就有在固定使用鹽麴的我驚為天人。以前總覺得市售鹽麴有較明顯的發酵味,不太適合用來拌青菜或料理調味,但用來醃肉卻是不可少的,因為肉質會變得更軟嫩可口!

從此一改我過去買市售鹽麴,都只用來做醃料的既定印象。現在因為使用量大增,就開始自製,不只是醃料會使用,也會用在各種料理調味上。

與鹽麴最速配、也是每日都會出現的就是蛋料理了,用一點鹽麴加水混合蛋液,比加入高湯還更能彰顯出蛋的美味。鹽麴加入各種肉丸子、肉餅料理,則會增加自然的黏稠度,就不用再加蛋進去攪拌,也不需費力的甩打。

姑且不論發酵物對身體的好處,光是說不盡的各種用法、加在各種食材上的美味,在料理上又節省時間,難怪鹽麴被稱為「萬用調味料」了。

鹽麴的自製很簡單,因應各種不同的家庭情況,有不同的方式可以選擇。每日攪拌的室溫發酵、電鍋保溫的速成法、保溫瓶製作法等,我因為家裡濕度、溫度還有方便的關係,傾向於使用可定溫的機器,只要準備好米麴跟機器就可以無後顧之憂了。

Didi 小祕方 >>>
因為要製作的是能讓食材發揮原味的調味料,海鹽的粒子較小,
容易跟麴結合,並且味道比較樸實也易取得。
所以太有特色的鹽可能就不太適合。
因為相當喜愛且自製鹽麴的關係,所以自家醃漬大多都會以鹽麴為主,
書中食譜配方的調味,使用的鹽麴可以一般鹽取代(分量不同)。

定溫優格機的作法

 市售米麴(日本、富自山中、穀盛)　海鹽　水

1 / 依市售米麴上的包裝,準備鹽跟水的分量。

2 / 將以上三種材料拌勻,倒入熱水消毒過的製作盒裡,放入
定溫優格機裡,設定為60℃約6小時。中途3小時的時候,
打開觀察一下,並且用乾淨的器具稍微攪拌,也適時的看
看是否需要再加水。

3 / 6小時後,完成發酵的鹽麴會呈現略有水分,還能看到完
整米粒,但稍稍一壓,可以破壞米麴外型。為了之後方便
使用,我會用熱水消毒過的攪拌棒,將鹽麴打成泥再裝盒
冷藏保存。

家庭必備油漬番茄

Didi 小祕方 >>>

1 烘烤時間越久，烤得越乾越好保存，
　可以試試100℃烤2～3小時完全烘乾。
2 油漬的料理可以把油都完整利用，
　因此建議選用比較好的油品。

油漬番茄是一道完全沒有技巧，卻很好運用的常備料理！
多做幾瓶，有時懶得爆香時，將它當作風味油使用也很方便。
變換一下香料，或放入蒜頭、辣椒等辛香料，就能改變口味，
是一種吃不膩又容易變化的食材。這次嘗試了不要烤到很乾的作法，
比較能保存原有的味道，不致於產生太多雜味。
缺點是，沒有烤很乾的油漬番茄保存期限較短，
要記得盡快食用完畢。

材料

· 小番茄…300g · 義大利綜合香料…適量

· 海鹽…少許 · 黑胡椒…少許 · 橄欖油…能蓋過番茄的量

· 新鮮香草…適量

作法

1 / 小番茄洗乾淨瀝乾，外皮用紙巾擦乾。

2 / 將小番茄一刀剖開，切口放在紙巾上，吸掉多餘水分以減少烘烤時間。

3 / 原味油漬番茄切口朝上，排列在烤盤上，以120℃烘烤60分鐘。

4 / 香料油漬番茄：在排好的番茄撒上義大利綜合香料、海鹽、黑胡椒、淋上適量橄欖油，一樣以120℃烘烤60分鐘。

5 / 烤好放涼，把小番茄放入已消毒過並晾乾的玻璃罐中。倒入橄欖油到剛好淹過番茄的高度，即可冷藏使用。(香料口味的可另外放入自家種的迷迭香、巴西里或月桂葉等新鮮香料)

Step 1

Step 3

Step 3

純天然！
自製百搭番茄醬

冷凍法的番茄醬製作很有趣，經過冷凍後的番茄味道會更濃厚，
也可以直接將冷凍番茄切塊，運用在燉煮料理上。
不但方便保存，也讓風味提升，可謂一舉數得。
搭配漢堡排在漢堡醬汁之外加一點番茄醬；早午餐時可以淋在煎蛋或沙拉上；
做番茄炒蛋時可代替市售番茄醬，煮茄汁料理也能運用。
沒有食物調理機的話，直接切成小塊燉煮也沒問題。
各種大小番茄、牛番茄、桃太郎番茄都可以做。

材料
・番茄…3顆 ・蒜末…3瓣 (約15g)
・橄欖油…3小匙 ・水 (視情況)

調味料
・鹽…適量 ・糖…適量 ・醬油 ・黑胡椒 ・綜合義大利香料

作法

1/ 番茄洗淨去掉蒂頭,裝入保鮮袋冷凍半天以上。

2/ 冷凍取出3顆番茄,在尖端輕輕的劃十字。放在水中沖一下,番茄的皮就會自動剝離。

3/ 將去掉蒂頭的番茄切塊,放入食物調理機,打10秒變成番茄泥(或切小塊直接燉煮)。

4/ 鍋子裡放入蒜末、橄欖油稍微爆香,放入作法3,用小火持續加熱。不時攪拌一下,慢慢熬煮,等水分慢慢蒸發且開始變濃稠,加一點市售的番茄醬,幫助稠化跟收汁。

5/ 燉煮過程水分高度會減少,如果番茄水分不足,可適時的加一點水以防燒焦。

6/ 作法5加入一點鹽、糖、少許醬油、黑糊椒跟義大利綜合香料調味。

7/ 將做好的番茄醬放到微溫時,倒入消毒過的罐子冷藏保存,也可分裝冷凍備用。

Step 2　　Step 3　　Step 4　　Step 6-1　　Step 6-2

常備萬用油漬菇

油漬料理很適合當成常備菜，
不只能直接塗抹吐司，運用在各種料理上都很方便。
常用的方式有做成早餐炒蛋三明治、油漬菇義大利麵，
用來當成爆香材料，拌沙拉或搭配肉類食材都很吸引人。
缺點是，菇類炒過後總是會大縮水，所以常常做不夠吃啊！

材料

· 鴻禧菇…2包
· 雪白菇…2包

· 鹽…少許
· 黑胡椒…少許
· 蒜頭…30g
· 橄欖油…適量
· 香草…適量

作法

1 / 準備喜歡的新鮮菇類，用廚房紙巾將表面擦乾淨，切掉根部並撕開，處理成大小一致。

2 / 將處理好的菇放在容器上鋪平，撒上少許鹽，靜置20分鐘稍微出水。

3 / 熱鍋後不加油，直接將菇倒進去乾炒。把水分慢慢炒乾後，加入少許黑胡椒拌勻，盛盤稍微放涼。

4 / 準備熱水消毒過且已乾燥的容器，放入放涼的菇，倒入能蓋過菇高度的橄欖油。最後加入蒜頭及喜歡的香草，密封冷藏即可。

Step 2　　　　Step 3

Step 4-1　　　　Step 4-2

常用的基本工具

（鍋具、小道具、各類常用醬料）

每個媽媽都有自己的一套調味料經，沒有對和錯只有喜歡跟習慣。

剛開始下廚時，我曾經很興奮的推薦媽媽我喜歡的醬油，

但卻在她試用後被否決了。

後來我想，也許這就是為什麼在同樣的料理上，

我跟媽媽一樣的作法，卻出現了味道上微妙的差異。

以下和大家分享我這幾年累積下來的使用經驗。

常用基本調味料

較常選購的醬油品牌

玉泰白醬油、金蘭松露醬油、萬家香零添加純釀醬油、新竹銀福醬油、義美全豆醬油、Yamaki鰹魚淡醬油、還有中部常見的瑞春跟黑龍醬油。不同品牌的醬油鹹度跟味道都不同，在料理使用上也需要斟酌使用。有機醬油通常比一般醬油偏鹹且重口味，這是使用不同醬油時比較需要注意的事。

較常選購的料理酒

· 台酒料理米酒、白鶴料理清酒、玉泉陳年紹興酒、甘強酒造純正味酥。酒類在料理上用來去腥解膩、增加味道層次。料理酒的酒精經過揮發後食用也安全。

直接用料理酒來替代少許水燜煮或軟化食材很快速又方便。

不過其實在我們家用最多的是陳年紹興酒跟陳年味酥，因為風味獨特，在燉煮跟照燒料理上不可或缺。

· 陳年味酥的陳年兩字是我自己冠上的，因為通常會提前半年買回來存放。這款味酥像酒一樣越放越香，瓶蓋口上會有結晶是正常的，打開後也不用冷藏。放上幾個月剛好接替用完的味酥，打開後照樣存放在蔭涼的地方，不管是去腥或增加食物色澤，甚至是燉煮或做成醬汁，在味道上都很加分。

較常選購的白醋

白醋、萬能醋。一般的白醋我通常只用來跟小蘇打搭配做清潔用,用途廣泛價格便宜又安全,砧板、水槽、水管、抽油煙機、流理台或是鍋具保養都沒問題。料理上的使用就都用萬能醋,一罐多用途真的很省事。從浸泡食材防止變黑、做壽司醋飯、做泡菜或淺漬,各種料理用途都能滿足。

較常選購的烏醋

白兔牌上烏醋、五印醋、皇嘉巴薩米克醋。有時候就是少了那麼一點味道,缺的就是烏醋。每次用量都少少的,但真的少了它就是不行。有一次用了巴薩米克醋取代烏醋,效果還不錯,就是成本太高了。

方便的料理醬料

各種調配好的醬料也是好幫手。即使是沾醬,有些也適合用來醃漬,或加入燉煮入味。已經調配好比例跟味道的醬料,只要取適當的量使用,就能輕鬆完成料理。我常用的有:番茄起司義大利麵醬 CLASSICO PASTA SAUCE、敘敘苑燒肉醬、KALDI十勝豚丼醬、mizkan金芝麻醬。

其它必備的基本調味料

KirklandSignature喜馬拉雅山粉紅鹽、McCormick研磨黑胡椒粒、誠記蔘藥白胡椒、砂糖、三溫糖、紅冰糖、依思尼無鹽奶油、西班牙LaChinata煙燻紅椒粉、廚王咖哩粉、薑黃粉。

❶ 玉泰白醬油 ❷ 陳年紹興酒 ❸ 角屋麻油 ❹ 敘敘苑燒肉醬 ❺ mizkan金芝麻醬
❻ mizkan柚子醋 ❼ 九鬼胡麻油 ❽ 珍的魔法鹽 ❾ 富自山中薑黃粉
❿ KALDI十勝豚丼醬 ⓫ 金蘭松露醬油 ⓬ 萬家香零添加純釀醬油。

常用基本鍋具

除了瓦斯爐之外，若能同時搭配烤箱，就可以節省很多料理時間。
通常主菜交給烤箱就有餘力多做一些較繁複的配菜。
也因如此，廚房小家電是我不可或缺的伙伴。

水波爐

我的水波爐型號是AXX1，於2009年購入。已經十歲了，目前仍然老當益壯。當年還是廚房新手的我，每次開伙前，都得先查詢好三菜一湯的材料，並記下步驟，鼓起很大的勇氣才購入當時還算是創新產品的水波爐。之後也因為社團交流，激發了各種對水波爐的用法。這十年間，主菜常常都是利用它完成的，「蒸、煮、烤、炸」樣樣都行的它，在狹小的廚房空間是一大幫手。

阿拉丁烤箱

即使有水波爐，我還是多準備了一個小烤箱。因為早餐的烤土司、焗烤點心、早上趕時間的便當主菜都需要它。不用預熱，即開即熱是它的一大優點，在便當生活中預熱的那5～10分鐘，分分可貴啊。使用內附的專用烤盤加蓋，一來避免了油漬噴濺，加蓋的烤盤加入少許水，經過高溫加熱，讓裡面溫度比表定更高，更能完全的加熱食物且有效縮短時間。

氣炸鍋

跟曾經流行過的旋風式烤箱原理相同的氣炸鍋，近年來又火紅了起來。加熱速度快且烤色均勻是它的優點，一次料理的量較少，適合人口少的家庭或租屋族。雖然網路上大多推薦用它可以在家安心吃炸物，但我最愛的，其實是它不太需要翻面或將食材移位，也能將食材烤得色澤漂亮的優點。

不沾玉子燒鍋

以新手來說，不沾材質的玉子燒鍋是最好上手且單價便宜的。不沾材質不能空燒、怕刮，所以不能使用金屬鍋鏟，清洗時也要小心以免刮傷塗層。使用久了，開始出現沾黏或塗層褪色時就需要汰換了。

鑄鐵玉子燒鍋

我自己也是從不沾玉子燒鍋換成鑄鐵玉子燒鍋。鑄鐵材質單純安全，且大多可以整支進烤箱，可用來變化不同的料理如：烘蛋或焗烤。使用上即使用金屬鍋鏟也沒問題，保養則只需用熱水清洗，不要使用清潔劑即可。洗完後放上瓦斯爐烘乾，刷上一點油預防生鏽，就可以了。

一般鍋具

1／ 煎煮炒炸都可以的不沾鍋。

2／ 煎肉很出色的生鐵鍋。

3／ 常常被我拿來做蛋球或點心的鑄鐵章魚燒鍋。

4／ 燉煮用的琺瑯鍋。醬汁或少量湯水用的可愛牛奶鍋，偶爾也可充當油炸鍋。

5／ 炊飯鍋也可以當作湯鍋使用，小小一盅還覺得特別美味。

便當盒

・不鏽鋼便當盒

不鏽鋼便當盒可蒸可烤,耐摔又不易損壞。蒸便當的時候,使用機會最多的就是它了,除了微波之外都適合。如果不鏽鋼便當盒內附矽膠防漏條且沒有洩氣閥的話,就會有加熱後造成密封打不開的情況。可以在蓋上上蓋時,將半張烘焙紙折成小條狀,壓在矽膠環上跟上蓋一起蓋起來。讓紙條將矽膠環壓出一點空隙,就可以減少密封狀態的發生。

・鋁製便當盒

鋁製便當盒不適合加熱,也不適合微波。只適合冷便當使用。因為材質輕巧好攜帶,很適合中低年級的小朋友。

· 琺瑯便當盒

跟不鏽鋼便當盒一樣,可蒸、可烤但不能微波。琺瑯便當盒美觀、不易沾染味道,又好清潔,唯一怕的是摔到。敲打或撞擊會造成琺瑯脫落,露出生鐵的部分,就會容易生鏽。

· 塑膠便當盒

每天做便當是否也會想變化一下便當盒?有時候想要可愛一點、漂亮一點,塑膠的便當盒就有著千百種不同的樣貌。如果有微波加熱的需求,購買時要注意一下材質說明。

· 木質便當盒

木質便當盒可以讓米飯保有水分，
吃起來Q彈，很適合冷便當。為了保
養跟清潔方便，有時會先在便當盒
內鋪上烘焙紙。可使用軟海綿跟溫
水清洗，不用清潔劑。洗完後，放在
通風處晾乾即可。

· 野餐便當盒

三明治、飯糰這類比較難掌控的料
理，就需要野餐盒了。搭配小菜盒、
醬汁盒使用就可以有更豐富的變
化。可以折疊收納的野餐盒，因為節
省空間也可以在日常出遊時隨身攜
帶。就算很少用到，但因為太可愛還
是得準備一下的。

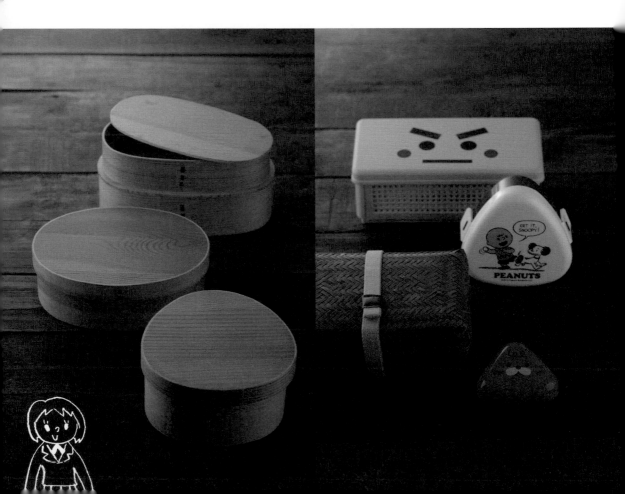

· 食物保溫罐

冬天時總會想要帶點熱湯或燉煮的食物。在裝入食物前，先倒入熱水泡15分鐘，並且使用保溫提袋，可以延長保溫效果。夏天也可裝冰涼的甜湯，當作點心再好不過了。

· 保冷劑、保冷便當袋

這一年多才從蒸便當加入冷便當的行列，之前收集的眾多保冷劑也可以派上用場了。夏天的保冷劑還有個替代品，就是冷凍利樂包飲品或自家製的冰棒！利用冷凍後的特性，包上一層吸水的小毛巾，跟便當一起放入保冷便當袋。維持便當的涼爽，也可以在溶化時享用，涼快一下！

· 收納式餐具

附收納盒的餐具是首選。試過各種不同材質的餐具，後來還是覺得不鏽鋼餐具最耐用。不鏽鋼餐具一體成型的設計，相對簡單又牢固。使用食物保溫罐時，搭配專屬的方型湯匙，可以在有限的用餐時間內，更有效率的吃完一餐。

帶便當的進化史

仔細一算，
發現幫孩子們帶便當
居然已經有將近十一年的時間。
我們家的便當歷程，
算是把每一種型態都經歷過了，
和大家分享一下心得。

（1）現送便當，當天中午現做現送：

中午前製作好的便當，在午休時間前送到學校。現送便當除了時間受限之外，其它都有很大的彈性，料理的選擇上也較不受限制，幾乎可說是想吃什麼就做什麼。有時也可以買個外食給小朋友一個小驚喜；缺點就是媽媽早上的時間，會被做便當跟送便當卡住了。

（2）蒸便當，前一天晚上做好冷藏，隔天帶去學校蒸：

蒸便當通常是與每天晚餐一起製作，有一段時間晚餐時段要做8人份的料理才夠用。蒸便當也是三兄弟使用時間跟次數最多的帶便當方式。早上將前一天晚上做好的冷藏便當，直接帶去學校放入蒸飯箱。教室的蒸飯值日生會在固定時間去開啟加溫，溫度跟時間控制得宜的話，還是能吃到不錯的熱便當。只是多數時候，設定的溫度過高、加熱時間過久，就變成多數人不喜歡、變軟又變色的便當了。雖然如此，我家老二就是個熱愛蒸便當的小孩。因為這樣他反而會去注意蒸飯箱的溫度跟時間，就算後來常常帶冷便當，他還是會在中午前把便當放進蒸飯箱加熱一下！

(3) 保溫便當有兩種型態：

· 保溫便當盒：

在老三也加入帶便當行列時，發現他對蒸便當的接受度很低。除非是耐蒸菜色，否則他常常會剩下不少。老三覺得午餐時間太短、蒸便當太燙、蒸完飯硬硬的、菜太軟變味不好吃。於是有一段時間用保溫便當盒給他，一樣將冷藏便當在早上出門前，幫他把菜色微波加熱後，趕快放進保溫便當盒裡。保溫便當盒放到中午食用時，其實也只是微熱，沒辦法吃到熱呼呼的食物。在接受度上，只有不愛燙口食物的老三最喜歡。

· 食物保溫罐：

使用食物保溫罐裝熱食，再加一個冷食小飯盒是最好的方式。不用再加熱也有熱熱的食物，搭配冷食小飯盒也沒有料理變色、變味的問題，最適合在準備了燉煮料理時使用。保溫便當盒跟食物保溫罐，都要經過確實的用滾水預熱，再加上專用的保溫提袋，保溫效能會增加許多。

(4) 微波便當

學校沒有微波爐，所以這是屬於爸爸媽媽的帶便當方式。微波是最不會讓食物變色、變味的加熱方法，可惜學校沒有。要微波的餐盒，就不適合使用金屬材質的便當盒。微波時在打開的飯盒上，蓋一張沾濕的餐巾紙，可以讓微波後的便當保有水分。

(5) 冷便當，當天早上現做中午直接吃：

冷便當在料理跟菜色上較不受限，料理過程中確實保持食器、食材、手的乾淨。做好的料理確實放涼，且瀝乾菜汁，再裝進便當盒裡蓋上蓋子，就不會因為溫度產生水氣而導致食物變質。夏天炎熱時，只要不是長時間曝曬在太陽下，並且使用保冷袋加保冷劑，維持便當的冷度就可以了。也可利用冷凍的樂利包飲料充當保冷劑，又能喝到解凍後涼爽的飲品，一舉兩得。

我的一日便當日常

預想流程,是我這一年來改為早上五點半起床做便當最重要的程序。即使前一晚沒有先準備好材料,也是因為我已經在腦海裡想過一遍,確認了隔天的菜單可以在限時內完成,如此一來,就可以放心睡覺了。

從蒸便當逐漸轉移成冷便當之後,我也開始把便當簡化成三菜一飯。以一道肉類主菜、一道青菜、一道蛋料理,加上澱粉類主食為基本條件。縮短了備料時間也簡化料理程序,在比較沒有想法的時候,就按照這個設定來做便當。不講求豪華只希望至少均衡。

有許多人會好奇,早上做便當,到底要花多少時間呢?其實只要前一天晚上花一點時間準備前置作業,就可以很輕鬆完成。

前一天晚上的 前置作業

(1) 預約白飯:

· 睡前洗好米先預約好白飯時間。

· 早上起床第一件事,就是先將電源關掉,白飯取出放涼。

· 如果是要做壽司,會先拌入壽司醋再放涼。

(2) 配菜的準備:

前一晚預先清洗切好備用的配菜,處理好後依料理用途分別放入保鮮盒冷藏備用。將主食材跟配料都先準備好,早上只要爆香後,依序下鍋省去清洗跟切塊的時間。

(3) 冷便當主菜的準備:

從冷凍庫取出醃漬好的肉品,冷藏退冰備用;或當天購買的生鮮肉品,醃漬處理備用;醃漬好的肉品,按料理方式先做好可以立即下鍋的準備後,放保鮮盒冷藏。肉類料理時間較長,盡量將前置作業處理至可直接下鍋煎或翻炒的狀態,即省下不少時間。

(4) 常備菜的準備:

可以事先做好的配菜,先做好冷藏,如玉子燒或涼拌的常備菜。多準備幾道配菜分裝冷藏,早上時間不夠時,可以直接取用,或晚餐要臨時加菜也沒問題。從冷藏取出時,先讓它稍微回溫再和其它菜色一起裝盒。

(5) 給自己一份早午餐:

有時候做完便當送三兄弟出門後,自己也餓了,就把剩餘食材擺成一小盤給自己當早餐。有更多的食材,就多裝一盒便當,看是給爸爸帶走還是留著自己當午餐享用都好。

我的便當日常

5:20	鬧鐘響,賴床+刷牙洗臉10分鐘。
5:30	取出預約煮好的白飯,拌開米放涼,取出冷藏的食材及配料。
5:35～5:50	完成主食肉類料理。
6:00	完成需要現炒或需要小烤箱的配菜。
6:10	完成三個便當裝盒。
6:15	拍完便當照,並依各別喜好準備飲品跟餐具。
6:20～6:30	高中生要帶著便當出門,在小學生起床並出門前這段時間,好好整理廚房吧!

P.S. 每完成一道料理,就放到通風處吹涼,確實放涼再裝盒,以免產生水氣使便當變質。

巧妙擺盤讓
便當更美味！

 番茄牛肋便當

蒸便當大多是前一天晚上製作，裝盒後冷藏，
隔天直接帶去學校使用蒸飯箱加熱。
使用的便當盒材質，只能用可加熱的全不鏽鋼或琺瑯材質。
將料理稍微放涼後，利用烘焙紙隔開，
即使沒有食物保溫罐，也能享用美味的燉煮便當。

1／ 準備可加熱的不鏽鋼便當盒。

2／ 在便當盒裡鋪上2/3的白飯。

3／ 將烘焙紙裁剪成長型後,對折加厚折成L型,放在便當盒空處。

4／ 利用烘焙紙L型的遮擋,放入已經微溫的番茄牛肋,可倒入少量湯汁。

5／ 在白飯撒上飯友料。

6／ 擺上油漬菇奶油白菜。

7／ 最後放上海苔玉子燒即完成。

Step 1

Step 5

Step 2

Step 6

Step 3

Step 7

Step 4

冷便當的菜色在料理完成後放涼,再進行裝盒動作。
裝盒後確實放涼,再蓋上蓋子,連同保冷劑一起放入保冷便當袋中。
如果想分隔菜色,可利用烘焙紙、矽膠杯子模或食物蠟紙。
美味的炸物再附上醬汁,冷便當一點也不馬虎。

1/ 冷便當任何材質的便當盒都可使用。

2/ 在便當盒裡斜放2/3分量的白飯。

3/ 在白飯上鋪滿高麗菜絲。

4/ 便當盒空處從角落開始,放入鹽麴緞帶胡蘿蔔。

5/ 擺上竹輪秋葵捲,利用邊角料放在底部墊高。

6/ 填入涼拌鱈味棒四季豆。

7/ 擺上剛切好的炸豬排。

8/ 放上裝有豬排醬的小巧醬汁盒。

9/ 淋上豬排醬即可享用美味的便當。

冷便當

日式炸豬排便當

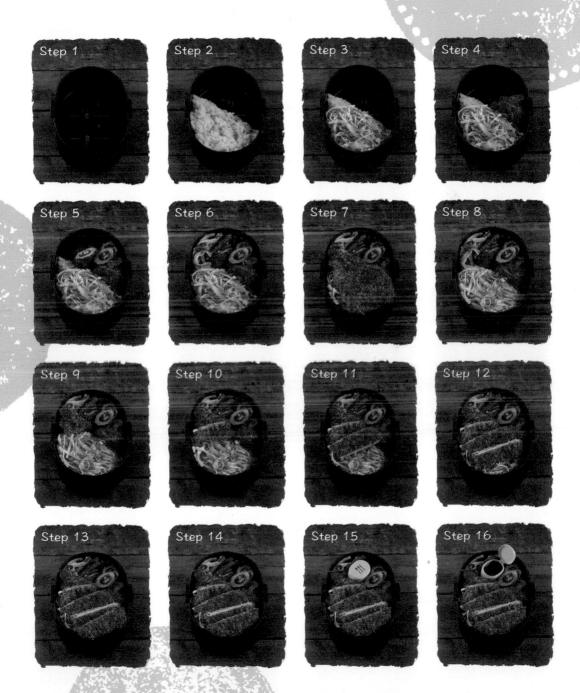

Step 1

Step 2

Step 3

Step 4

Step 5

Step 6

Step 7

Step 8

Step 9

Step 10

Step 11

Step 12

Step 13

Step 14

Step 15

Step 16

Chapter 1

一口接一口的

滿足
大肉塊便當

烤箱版
日式炸豬排便當

主菜：適合冷便當

From Tokyo

Didi 小祕方 >>>

1 沒用完的黃金麵包粉可以密封冷藏，避免讓濕氣進入就可以保存備用。

2 炸豬排的應用範圍非常廣，在吐司中加入炸豬排、番茄片、高麗菜絲、
　黃芥末，就完成了炸豬排三明治。

3 炒香洋蔥、加入柴魚高湯、放入炸豬排再淋上半熟蛋汁，就是美味的豬
　排丼飯。想怎麼吃就怎麼吃！還不去炸豬排嗎？

使用一般烤箱製作免油炸的炸豬排，
比油炸的方式省油且健康，可選擇帶點油脂的梅花肉排代替里肌肉。
製作黃金麵包粉時，油可稍多一點讓豬排口感內外一致。
淋上豬排醬就是三兄弟口中的完美餐點，一人一份超滿足。

材料

· 豬梅花肉排…3片
· 市售中濃豬排醬

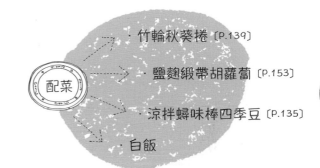

配菜

· 竹輪秋葵捲〔P.139〕
· 鹽麴緞帶胡蘿蔔〔P.153〕
· 涼拌蟳味棒四季豆〔P.135〕
· 白飯

醃料

· 鹽麴…1小匙
· 醬油…1小匙
· 蒜泥 3瓣…約15g
· 黑胡椒…少許

黃金麵包粉

· 市售麵包粉…100g
· 植物油…2大匙

麵衣材料

· 低筋麵粉…2大匙
· 蛋液…2顆
· 黃金麵包粉

作法

1 / 豬梅花肉排用刀斷筋，用肉槌稍微拍過，醃漬30分鐘備用。

2 / 在不沾鍋中倒入市售麵包粉，開中小火並在麵包粉上淋上油，均勻翻炒到呈金黃色，取出放涼備用。

3 / 醃漬好的豬排依序沾上低筋麵粉、蛋液、黃金麵包粉後，放到烤架上。

4 / 烤箱預熱，以200℃烤15分鐘。中途觀察上色情況，隨時注意是否需將烤盤換面，讓上色更均勻。

5 / 時間到，將作法4取出，稍微放涼再切片，最後淋上豬排醬即完成。

Step 1
Step 2
Step 3
Step 4
Step 5

油漬番茄煎豬排便當

油漬番茄運用廣泛，
除了拿來拌炒之外，醃漬也很適合。
不愛番茄入菜的三兄弟
也能接受有番茄風味的豬排，
吃起來帶著清爽的水果香味。
使用橄欖油醃漬的豬排，軟嫩可口，
油漬番茄經過加熱後更甜美了，
濃縮的香氣被完整釋放。

配菜
- 涼拌黃豆芽〔P.145〕
- 涼拌四季豆木耳〔P.134〕
- 蔥花菜脯玉子燒〔P.160〕
- 香鬆飯

材料

豬里肌厚片…3片
油漬番茄（含橄欖油）…2大匙
鹽麴…1小匙
黑胡椒…少許
迷迭香…少許
蒜末…少許

作法

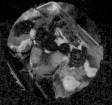

Step 1

1/ 豬里肌厚片斷筋後，
　 稍微拍鬆。

Didi 小祕方 >>>

1 油漬番茄本身經過烘烤跟油封，濃縮了美味，煎豬排時再讓它稍微加熱一下更可口。
2 番茄本身帶有一點微酸的味道，運用在海鮮料理也很適合。
　用來油封的橄欖油更是寶物，一滴都不要浪費啊！

主菜：冷便當、蒸便當都適合

Step 3

Step 4

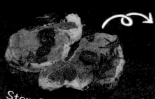
Step 2

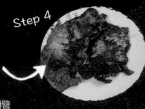

2／ 加入油漬番茄裡的橄欖
　　油、油漬番茄、鹽麴、黑胡
　　椒、迷迭草醃漬約3小時。

3／ 熱鍋後，以少許橄欖
　　油爆香蒜末，放入豬
　　排將兩面煎香。醃漬
　　盒裡的油漬番茄也放
　　入煎鍋內加熱。

4／ 取出作法3鍋內材
　　料時，可放入一些
　　蔬菜，利用餘油炒
　　過當配菜。

古早味
炸雞腿便當

配菜
- 咖哩白花椰〔P.147〕
- 水煮蛋〔P.163〕
- 清炒彩椒〔P.154〕
- 涼拌紫洋蔥秋葵〔P.139〕
- 白飯

材料　・雞棒棒腿 …4支　・蛋 …1顆　・地瓜粉 …30g

醃料　・鹽麴…1大匙　・蒜末（泥）…15g　・醬油…2大匙
・黑胡椒…少許　・粗辣椒粉…少許　・酒…1大匙

作法

Step 1

1／ 在雞腿底部接近骨頭的部
　　位,劃兩刀,幫助入味也讓
　　烘烤時更容易熟透。

2／ 加入醬料後,冷藏醃漬約3小時以上。

Step 2

Step 3

3／ 退冰後先沾蛋液,再沾一層薄薄的地瓜粉,
　　平均擺放在烤盤上,表面噴一點油。

4／ 烤箱預熱,作法3以180℃烤20分鐘,觀察表
　　面上色狀況,及是否需要將烤盤換面,讓上
　　色均勻。利用底部切口及流出的肉汁,判斷
　　雞腿是否熟透。

Didi 小祕方 >>>

1 使用烤箱做仿炸料理必須等沾粉反潮（粉變得微濕）時,
　再烘烤才不會烤完仍然是白白的。
2 表面噴油或多加一層蛋液,可以減少反潮時間,也能幫助上色均勻。

炸雞腿是肉食少年暴龍三兄弟，
便當裡必須出現的菜色。
這是一道可以打敗
營養午餐炸物的常勝軍，
每當他們回報今天學校營養午餐
有什麼什麼炸物時，
媽媽就搬出這道來救火，
讓他們知道不用油炸也有
一樣好吃的炸雞腿！
隔天打開便當盒時，
必定會先呼喚同學來
觀賞一下。

主菜：冷便當、蒸便當都適合

055

主菜：冷便當、蒸便當都適合

香料烤豬五花便當

Didi 小祕方 >>>

1 如果不喜歡皮烤過後的口感，可以先把豬五花最上方的硬皮切除再料理。
或是烤完後，單獨將皮的部份切下，拌一點辣椒醬另外做成下酒菜。

2 巴西里蒜味鹽因本身鹹度就高，需斟酌其它調味料的使用。

經常在逛市場時被各種熟食吸引，
買回家後卻又覺得吃起來沒有聞起來美味。
尤其是鹹豬肉，其實只要新鮮豬肉加簡單的香料醃漬就很好吃，
千萬不要用過多的調味蓋掉了肉香。
這就是我們家的陽春烤五花，也可以加入其它食材一起烤，
讓菜色更豐盛。

配菜

· 咖哩白花椰 〔P.147〕

· 沙拉醬菠菜番茄烘蛋 〔P.159〕

· 白飯

材料

· 薄豬五花肉條⋯2條（約325g）

醃料

· 醬油⋯2小匙
· 蒜泥⋯10g
· 巴西里蒜味鹽 ⋯2小匙
· 黑胡椒⋯少許

作法

1 / 用肉針或竹籤將帶皮的地方打些小洞，
減少烘烤時爆皮產生的硬塊。

2 / 簡單用醬油加上蒜泥、蒜味鹽等自己喜
歡的香料，醃漬約3小時備用。

3 / 烤箱預熱，將作法2以180℃烤15分鐘，
烤至表面上色且微焦。

4 / 稍微放涼後再切塊食用。

Step 2

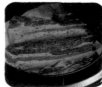

Step 3-1

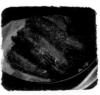

Step 3-2

Step 4

韓式蜜汁烤排骨便當

主菜：冷便當、蒸便當都適合

配菜
- 毛豆蛋沙拉〔P.164〕
- 清炒彩椒〔P.154〕
- 白飯

Didi 小祕方 >>>

同樣的醬汁用來醃雞里肌，也很好吃。

材料
- 子排…700g
- 鹽…少許
- 黑胡椒…少許

醃料
- 韓式辣椒醬…2大匙
- 味醂…2大匙
- 韓式芝麻油…1大匙
- 蜂蜜…1～2大匙
- 醬油…少許

作法

1 / 用少許鹽跟黑胡椒醃一下排骨，5分鐘即可。

2 / 把調好的韓式蜜汁醬汁均勻沾裹排骨，醃漬30分鐘以上。

3 / 取出醃漬好的排骨，抹掉過多的醬汁後均勻排列，放進烤箱。

4 / 烤箱預熱，以180℃烤20分鐘，烘烤上色。

5 / 中途打開看一下上色情況、需不需要調整溫度。

6 / 後5分鐘可視情況調升溫度幫助上色，或調降溫度以防烤焦。取出後撒上芝麻粒跟海苔粉，看起來更美味了！

come from korean

各種排骨料理我都相當喜愛，
尤其愛可以大口啃肉的子排部位。
也嚮往著可以把紅通通的韓式料理搬上餐桌，
先從調製韓式蜜汁醬料來醃排骨，
期待醬汁跟排骨略帶肥美的口感蹦出美好滋味。
也能輕鬆擄獲三兄弟的心，帶領他們進入火辣辣的世界！

美乃滋
辣醬雞腿排

主菜：冷便當、蒸便當都適合

兩種每次都怕用不完的調味料放在一起，
居然也能輕鬆的完成主菜的醃漬。
因為擔心小學生們吃了會覺得辣而排斥，
所以在家裡都會用1：1的比例來調醬。
如果可以的話試看看美乃滋1：辣醬2，
更適合大人味。

材料

去骨雞腿排…3片

配菜

· 起司蘆筍〔P.136〕
· 馬鈴薯餅烘蛋〔P.161〕
· 香鬆飯糰

醃料

韓式辣椒醬…2大匙
日式美乃滋…1大匙
韓式粗辣椒粉…少許（可省略）
黑胡椒…少許

Didi 小祕方 シンン

1 進烤箱前可先將過多的醬料抹去，
　以免容易烤焦。
2 也可先利用烤盤蓋或鋁箔紙蓋起來，
　等雞肉熟了再打開上色，
　就可以迅速完成烤箱料理了。

作法

1／ 先將醃料均勻混合，備用。

2／ 將雞腿排均勻塗抹上醬料，醃漬3小時。

3／ 烤箱預熱，將作法2以200℃烤15分鐘，烤熟後拉高溫度以240℃烤5
　　分鐘將表面上色。

4／ 將作法3取出後，稍微靜置放涼再切開，最後撒上一點黑胡椒即可。

香蒜奶油嫩煎羊排便當

 主菜：冷便當、蒸便當都適合

配菜
→ ·奶油香料馬鈴薯〔P.173〕
→ ·油漬菇義大利麵

 材料
· 帶骨羊小排…3支220g

醃料
· 鹽麴…1大匙 · 橄欖油…2大匙 · 黑胡椒…少許
· 義式綜合香料…適量 · 紅椒粉…1/2小匙
· 新鮮的迷迭香…少許（鹽麴若要用鹽取代，只需少量即可）
· 奶油…10g · 橄欖油…適量 · 蒜末…適量
· 熟義大利麵…100g · 油漬菇…1大匙 · 蒜末…6瓣

作法

 Step 1

1/ 羊小排醃漬30分鐘以上，下鍋前抹去多餘的醬料。

2/ 鐵鍋加熱後，放入一半奶油與少許橄欖油。

Step 3
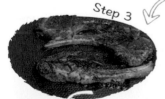

3/ 在鍋子很熱的時候放入羊排，待底部微焦時，加入多一點蒜末爆香，再翻面。

Step 4

4/ 只翻兩次面，起鍋前放入另一半的奶油塊，把能貼到鍋面的部位都立起來煎一下。

5/ 作法4起鍋時，用鋁箔紙包起來保溫一下，鎖住肉汁再享用。

6/ 另起一鍋，放入橄欖油爆香蒜末，放入煮熟的義大利麵與油漬菇拌炒，最後放上作法5即可。

三兄弟對於羊肉的印象，只停留在喜宴中的菜色。
某天很想試看看大家的接受度如何，
決定用最簡單也最保守的方法——煎羊排。
最簡單的料理方式，吃最原始的味道。
煎過羊排的鍋子，加一點蒜末奶油下去炒成奶油炒飯也非常棒。
當然對小朋友來說，就是要搭配義大利麵才正點。

Didi 小祕方 >>>

鍋子要夠熱，才能一下子把肉汁鎖住，留下美味；
可觀察側面熟度，來判斷翻面的時機。

糖醋排骨便當

小時候媽媽很常做的一道料理，酸酸甜甜特別下飯。
有點肥嫩的排骨特別好吃，因為太愛吃了只好自己學著做。
三不五時就來上一盤滿足自己，因為炸排骨太香，如果被偷吃了也不意外。

主菜：冷便當、蒸便當都適合

Didi 小祕方 >>>

1 可選用松阪豬或里肌肉取代排骨，沒有骨頭比較不占便當空間，也適合小朋友食用。
2 我們家口味喜歡酸一點，所以番茄醬會放到2大匙，也可用自製的番茄醬替代市售產品；
醬汁因為有太白粉，所以倒入前要再攪拌均勻。

· 氽燙青花菜〔P.138〕

· 馬鈴薯通心粉沙拉〔P.177〕

配菜 → · 黃芥末豌豆苗沙拉〔P.137〕

· 白飯

材料

· 子排⋯500g
· 洋蔥⋯半顆
· 雙色甜椒⋯各半顆
· 地瓜粉⋯30g

醃料

· 醬油⋯1大匙
· 鹽麴⋯2大匙
· 蒜末⋯10g
· 黑胡椒⋯少許

醬汁

· 水⋯2大匙
· 番茄醬⋯1～2大匙
· 白醋⋯1大匙
· 糖⋯1大匙
· 鹽⋯少許
· 太白粉⋯1/4小匙

作法

1 / 調好醬汁備用,將子排醃漬半小時,去除多餘水分後,
　　裹上適量地瓜粉。

2 / 鍋子加熱後加入多一點的油,用半煎炸的方式把作法
　　1的排骨炸酥,先盛盤備用。

3 / 擦掉鍋子裡多餘的油,加入洋蔥塊
　　拌炒後,再把作法2的排骨倒入。

4 / 接著倒入醬汁,攪拌一下讓肉塊均
　　勻包覆醬汁且變得濃稠。最後加入
　　甜椒塊,稍微收乾到自己想要的程
　　度即可。

Step 1

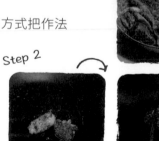

Step 2

Step 3

Step 4

啤酒茄汁燉肋排便當

主菜：冷便當、蒸便當、保溫食物罐都適合

> 偶然一次用啤酒燉肉後，發現不需要太多醬油也能漂亮上色。
> 燉煮過的肉類非常軟嫩，即使是很厚實的肋排，
> 也能入口即化，相當適合我家喜愛軟肉食的男兒們。
> 醬汁中加入了番茄醬，燜過後微紅的醬汁更吸引人。

Didi 小祕方 >>>

1 啤酒加熱不宜過久，會產生苦味。所以要適當加入糖來平衡，這裡使用的是蜂蜜。
2 黑醋可改為一半黑醋、一半巴薩米克醋，讓滋味更濃郁。
3 以酒入菜雖然會揮發掉大部分的酒精，但還是避免給嬰幼兒食用為佳。

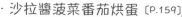

· 沙拉醬菠菜番茄烘蛋〔P.159〕

· 涼拌黃豆芽〔P.145〕

配菜

· 涼拌四季豆木耳〔P.134〕

· 鹽漬小黃瓜〔P.150〕

· 栗子飯〔P.180〕

醬汁

· 蒜末…2大匙
· 薑末…適量
· 黑醋…4大匙
· 醬油…2大匙
· 蜂蜜…2大匙
· 番茄醬…2大匙
· 啤酒…330ml

材料

· 帶骨肋排 …950g
· 洋蔥絲…200g

醃料

· 蒜泥…1大匙
· 醬油…少許
· 鹽麴…1大匙(可用
  少許鹽＋米酒代替)
· 黑胡椒…適量

＊太白粉水：40ml水＋1/2小匙太白粉或片栗粉。

作法

1／ 肋排用醃料醃漬3小時以上(隔夜最佳)，從冷藏取出
後退冰，備用。

2／ 熱鍋後將作法1的肋排兩面煎香，再移到燉煮的鍋子
裡。放入洋蔥絲、加入醬汁。

3／ 作法2倒入啤酒，蓋上蓋子，煮滾後
轉小火，維持微沸騰狀態，計時約40
分鐘。

4／ 時間到再加入太白粉水稍微勾芡，
再煮10分鐘後，讓作法3燜一下更上
色。

Step 1

Step 2
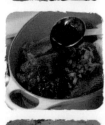

Step 3

Step 4

懷舊
炸肉排便當

配菜
- 洋蔥荷包蛋 〔P.166〕
- 醋漬小黃瓜 〔P.149〕
- 蛋炒飯

〔P.166〕 〔P.149〕

醃料

鹽麴…1大匙
醬油…1大匙
蒜泥 3瓣…約15g
黑胡椒…適量

地瓜粉…適量

材料

大里肌前段切薄片…400g(約8片)

作法

1 / 大里肌前段肉片直接切成薄片,像早餐店肉排蛋那樣的厚度,斷筋後用肉槌稍微拍打一下。

2 / 將作法1的肉排醃漬30分鐘以上。

3 / 醃漬後的肉排兩面均勻沾裹地瓜粉,拍掉多餘的粉稍微反潮。

4 / 將平底鍋熱鍋後加多一點油,放入肉排利用半煎炸的方法煎熟。

5 / 等作法4的肉排底部開始變金黃色後,再翻面。

6 / 稍微瀝乾作法5的油後,將肉排切片,再撒上胡椒鹽調味即可。

曾在IG上貼出了男子宿舍的炸肉排，疊滿滿的一整盤，
發現很多粉絲都說「以前阿嬤會做這個」、
「是令人懷念的味道」，才知道原來這是一道懷舊的菜色。
做蛋炒飯時，每人加入一片懷舊炸肉排，瞬間升級為高級蛋炒飯！

NOSTALGIC TIME

主菜：冷便當、蒸便當都適合

Didi 小祕方 >>>

1 斷筋跟拍打的動作，可防止肉片在半煎炸時，因加熱收縮後的不平整。
2 沾地瓜粉後，肉片稍微靜置，讓粉吸取醃醬變得有點濕潤，即為反潮。
　這個動作可避免半煎炸時麵衣脫落。

家常
滷排骨便當

材料

大里肌前段3片（厚片）⋯430g

醃料

鹽麴⋯1大匙
醬油⋯1大匙
蒜泥3瓣⋯約15g
黑胡椒⋯適量

全蛋液⋯1顆
地瓜粉⋯適量

配菜
- 椒鹽玉米 [P.168]
- 滷蛋、滷火腿片 [P.174]
- 汆燙青花菜 [P.138]
- 白飯

Let's go !

光想就要
流口水了

每次滷肉或肉燥時總會剩下一點湯汁,
過濾殘渣後可以將湯汁冷凍保存,
留待下次滷肉時當作老滷使用,
讓滷汁不需經過長時間的燉煮就能變得比較溫和。
也可加入適量的水跟醬油,稍做調整後作為滷排骨使用。
不管是滷肉、炸肉排還是滷排骨,在我們家就是秒殺主食,
加入早餐火腿片或貢丸進去滷,也很受小朋友歡迎。

作法

1 / 大里肌前段切厚片,斷筋後用肉槌稍微拍打一下。

2 / 將肉片加入醃料醃漬30分鐘以上,冷藏備用。

3 / 作法2的肉排
取出後,兩面
均勻沾上一
層全蛋液,再
沾裹地瓜粉。

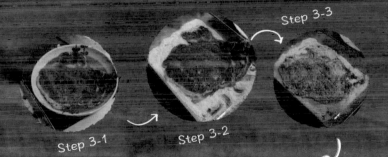

Step 3-1　　Step 3-2　　Step 3-3

4 / 肉片反潮後,平底鍋熱鍋加多一點油,放入作法
3的肉排,利用半煎炸的方法煎熟。

5 / 等肉排底部開始變金黃色後,再翻面繼續煎炸。

Step 4

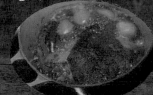

Step 6

6 / 將作法5炸好的肉排稍微放涼,讓炸粉跟肉片貼合
後,再放入「家常滷肉」或「紹興滷肉燥」的滷汁中。
稍微加熱滷到炸粉軟化,吸飽湯汁即可。

咖哩蘆筍雞丁便當

主菜：冷便當、蒸便當都適合

配菜 --→ ·香料烤櫛瓜〔P.144〕
--→ ·十穀米飯糰〔P.181〕

材料

· 雞胸肉…200g
· 蘆筍…60g

醃料

· 鹽麴…1小匙
· 廚王咖哩粉…1小匙
· 紅椒粉…少許
· 醬油…1/2小匙
· 黑胡椒…少許

作法

1 / 將雞胸肉切丁，加入醃料拌勻，醃漬約30分鐘。

2 / 蘆筍削去後半段老皮後，切成段狀備用。

3 / 熱鍋後倒入適量油潤鍋，均勻地放入雞丁，煎至兩面微焦時加入蘆筍拌炒一下。

4 / 作法3加一點黑胡椒調味，即可起鍋。

Didi 小祕方 >>>

使用一般市售的的咖哩粉，
就可以輕鬆讓雞丁變化口味。
如果沒有咖哩粉就用市售咖哩塊，
先將咖哩塊稍微敲碎，
再加入熱水溶化後比較容易拌開。

吃膩雞胸肉的時候，
咖哩口味永遠都不會讓人失望。
加一點蘆筍，
多了蔬菜的清脆口感，
可以讓雞胸肉吃起來更美味。
使用鹽麴醃漬，
讓雞胸肉軟嫩不乾柴。
將蘆筍替換成甜椒也很好吃哦！

Surprise

蜜汁松阪豬便當

不管去哪裡吃飯，
只要看到「蜜汁」兩個字，
總是能吸引小朋友點餐。
甜甜鹹鹹的醬汁，
搭配不同食材的肉汁油脂，
就是個好飯友啊！
看起來似乎很難製作的蜜汁，
其實只要簡單搭配就能完成，
換成去骨雞腿排也非常棒！

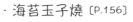 · 海苔玉子燒〔P.156〕

· 小松菜炒豆皮〔P.151〕

 配菜 · 洋蔥培根起司燒〔P.169〕

· 白飯

 材料 · 松阪豬…2片 (500g) · 檸檬…1/4顆

 醃料 · 醬油…1大匙 · 蒜泥…3瓣 (15g) · 鹽…少許
· 酒…1大匙 · 蜂蜜…1大匙

作法

1/ 將松阪豬放入調勻後的醃料中，均勻塗抹，冷藏醃漬3小時。

2/ 取出作法1醃漬好的松阪豬，抹去表面多餘的醃料以防烤焦，放入烤盤、
　　蓋上烤盤蓋。

3/ 烤箱預熱，將作法2放入烤箱以200℃烤15分鐘，開蓋再烤5分鐘上色。

4/ 作法3取出靜置放涼後，再切片，即完成。

5/ 擠上少許檸檬汁更加美味。

主菜：冷便當、蒸便當都適合

Didi 小祕方 >>>

1 烤盤沒有附上蓋時，可使用鋁箔紙覆蓋，以免太快烤焦。
2 逆紋切的松阪豬口感Q中帶脆，一定要試試看。如果要用煎的代替烤箱，
　除了小心因為醬汁易燒焦之外，得先在松阪豬其中一面先用刀畫上紋路，
　以免加熱後收縮捲起，影響熟度。

Chapter 2

省時又省錢的

簡易
肉片便當

牛肉杏鮑菇便當

主菜：冷便當、蒸便當都適合

Didi 小祕方 >>>

1 換成各種不同部位的肉片都很適合。
2 菇類不加油乾煎，香氣逼人，
  讓後面的拌炒不費力就能散發香味。

利用現成的燒肉醬來做醃漬，簡單又方便，或炒或烤都很好吃！
加上剛剛好的蔬菜，就能成為豐富的主食。
調味中加入一點奶油，讓滋味更上一層樓。

 配菜

・水煮蛋〔P.163〕

・味噌蓮藕〔P.170〕

・胡麻菠菜〔P.148〕

・三角海苔飯糰

材料

・梅花薄切牛肉片…200g
・杏鮑菇(小)…數根

醃料

・市售燒肉醬…1大匙
・白芝麻粒…少許

調味

・奶油…1小塊
・黑胡椒…少許

作法

1／ 梅花薄切牛肉片切成一口大小，加入醃料醃漬約30分鐘，備用。

2／ 杏鮑菇將表面擦拭乾淨後，切成長片狀。

3／ 鍋子燒熱後不加油，先乾煎杏鮑菇，至微焦後取出備用。

4／ 倒入少許油潤鍋，均勻鋪上作法1的肉片，拌炒開後加入杏鮑菇。炒熟材料後，加入一小塊奶油拌勻，撒上一點黑胡椒即完成。

海苔炸雞柳條

主菜：冷便當、蒸便當都適合

不管什麼加上海苔都很好吃！帶點復古味，又有點新奇。
每次做這道料理都不夠吃，因為媽媽自己在廚房料理時，
就忍不住開始邊炸邊偷吃了。

配菜

・竹輪秋葵捲〔P.139〕

・毛豆蛋沙拉〔P.164〕

・杏鮑菇偽干貝〔P.172〕

・鹽麴緞帶胡蘿蔔〔P.153〕

・燕米飯〔P.181〕

材料

・雞里肌…250g

醃料

・醬油…1大匙
・鹽麴…1小匙
・黑胡椒…少許
・蒜末…10g

油炸

・海苔片
・地瓜粉

作法

1／ 雞里肌去掉筋模，切成適當大小後用醃料醃漬30分鐘；海苔片剪成約
　　10X2cm，備用。

2／ 把作法1醃漬後的雞里肌，從中間包上一圈海苔片、裹上地瓜粉。

3／ 熱鍋後放入多一點的油，用半煎炸的方式將作法2的雞里肌炸熟。

4／ 將作法3瀝乾油分後盛盤，即完成。

Didi 小祕方 >>>

就算不包海苔，直接煎熟也很好吃；
因為吃起來的口感有點像鹹酥雞，
一定要預防裝便當前就被偷吃光了！

蘆筍
肉捲便當

配菜
- 杏鮑菇偽干貝〔P.172〕
- 清炒彩椒〔P.154〕
- 焗烤水煮蛋〔P.163〕
- 燕米飯〔P.181〕

【材料】
- 粗蘆筍…6根
- 火鍋用肉片…6～12片（視長度）
- 麵粉…少許
- 鹽、黑胡椒…少許

【醬汁】
- 醬油…1大匙
- 砂糖…1大匙
- 味醂…1大匙
- 水…2大匙

【作法】

Step 2

1/ 粗蘆筍清洗後，切掉底部較粗且乾的部分，再用削皮刀削掉下段較粗的外皮。

2/ 準備薄長的火鍋肉片，攤開肉片後撒上一點鹽跟黑胡椒，再均勻撒上一點麵粉可幫助肉片黏合。

3/ 將蘆筍跟肉片斜放，用肉片將蘆筍捲起。最後肉片過長的部分，可以再換個方向斜捲回來。收口的地方撒點麵粉才不會散開。

Step 4-2

4/ 熱鍋後下一點油，將蘆筍肉捲收口朝下放入，將每面煎到金黃色後倒入醬汁均勻沾裹至收乾。

Step 4-1

Didi 小祕方 >>>
換個方式將蘆筍肉捲依序沾上麵粉、蛋液、麵包粉再半煎炸，就變成炸蘆筍肉捲。使用烤箱完成以上兩種作法也沒問題。

主菜：冷便當、蒸便當都適合

通通把它捲起來

CUTE

"" 肉捲料理有兩種作法，可以視當天心情做成照燒口味或油炸。
使用粗蘆筍就一次捲一根，如果用細蘆筍就不用削皮，且 次可以捲上數根。
半煎炸的過程足以讓蘆筍熟透，所以不需先水煮。
前一天晚上先捲好材料，早上起床做便當時可以很快速完成。

檸檬豬肉片便當

主菜：冷便當、蒸便當都適合

日式定食中很誘人的一道料理，在家也能自己動手做。
黃檸檬的顏色不止吸引目光，
將檸檬汁用來醃肉能軟化肉質，增添清新果香。
搭配清爽簡單的小黃瓜壽司，是一道適合夏季的料理。

〔配菜〕 ‑‑‑‑> ・奶油磨菇炒蝦仁〔P.179〕

‑‑‑‑> ・小黃瓜壽司捲

材料

・豬火鍋肉片…350g
・黃檸檬…1/3顆切片

醃料

・檸檬汁…1大匙
・橄欖油…1大匙
・鹽麴…1小匙
・糖…少許

作法

1/ 火鍋肉片切成段狀，約一口大小，加入醃料及切片黃檸檬一起醃漬30分鐘。

2/ 熱鍋後加入少許油潤鍋，放入醃漬好的作法1肉片包括黃檸檬片，先將肉片鋪開煎一下，再進行拌炒。

3/ 將作法2炒好的肉片，多餘油脂瀝乾後盛盤，口感更清爽。

小黃瓜壽司卷

1/ 在壽司竹簾放上一張海苔片，再鋪一層白飯在海苔前端約2/3處。

2/ 放上切半的小黃瓜條，擠上一點美乃滋，用竹簾將壽司捲起。

3/ 刀子沾點水以防沾黏，將壽司捲切成適當長度。

LEMON
AND
PORK

蜜汁雞腿肉捲便當

配菜
- 高湯煮玉米 [P.165]
- 黃芥末豌豆苗沙拉 [P.137]
- 鹽麴緞帶胡蘿蔔 [P.153]
- 薑黃娃娃菜 [P.146]
- 芥藍菜花 [P.143]
- 原味玉子燒 [P.155]
- 白飯

主菜：冷便當、蒸便當都適合

材料

去骨雞腿肉⋯2片
玉米筍、胡蘿蔔條、蘆筍⋯適量
無漂白棉繩

醃料

醬油⋯1大匙
鹽麴⋯1小匙
蒜泥⋯1小匙
黑胡椒⋯少許

醬汁

醬油⋯1大匙
味醂⋯1大匙
砂糖⋯1大匙
水⋯1大匙

作法

1 / 將各種蔬菜洗淨後，切齊備用。

2 / 把去骨雞腿排攤平，肉比較厚的地方片開，增加面積；
用醃料將雞腿肉醃漬3小時以上備用。

3 / 在雞腿排前端約1/3處，
放好蔬菜材料，從頭開始
像捲壽司一樣捲起，用棉
繩綁定。

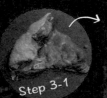

Step 3-1

Step 3-2

一開始，這道料理只出現在高中生單獨帶便當的日子。
有一次給三兄弟一起帶了，小學生們驚為天人，
才發現原來有些菜色是隱藏版，只出現在大哥的便當裡！
為公平起見，從此開始縮短前置作業，
讓這道料理能常常出現在三兄弟們的午餐中。

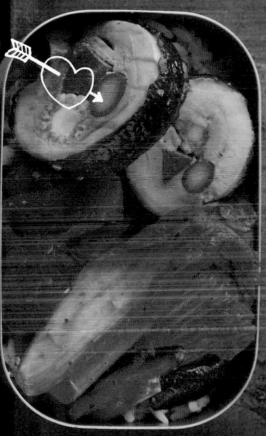

Didi 小祕方 >>>

1 醬汁材料因為有糖跟味醂，
煮至收乾時會變得濃稠，
要小心燒焦。

2 稍微放置放涼再切片，比較不
會散開；去骨雞腿肉事先片
開，有利於捲起來時較為平
整，也較不易整個散開。

3 沒有棉繩也可用鋁箔紙將雞腿
肉捲包起來，放入電鍋蒸熟
後，再小心拆開放入鍋子加入
醬汁烹調，幫助上色入味。

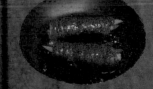

Step 6

Step 5

Step 4

4/ 熱鍋後抹一點油，將雞腿肉
捲收口朝下，先煎香收口部
位再開始翻面。花點時間把
每一面都煎香上色。

5/ 加入適量的水（分
量外），蓋上蓋子
燜煮5分鐘，至雞
腿肉捲熟透。

6/ 打開作法5的蓋子
加入醬汁後，移動
雞腿肉捲，讓肉捲
均勻沾裹醬汁入
味至收汁。

7/ 將作法6稍微靜
置放涼，再拆掉棉
線、小心的切片，
即完成。

Tomato Cheese~

主菜：冷便當、蒸便當都適合

番茄起司
雞腿排便當

配菜
- ·鹽麴蛋鬆〔P.162〕
- ·青椒午餐肉〔P.154〕
- ·白飯

材料

雞腿排 …2片
鹽…少許
黑胡椒 少許
低筋麵粉…少許
切片番茄…1顆
起司絲…40g
巴西里…裝飾用

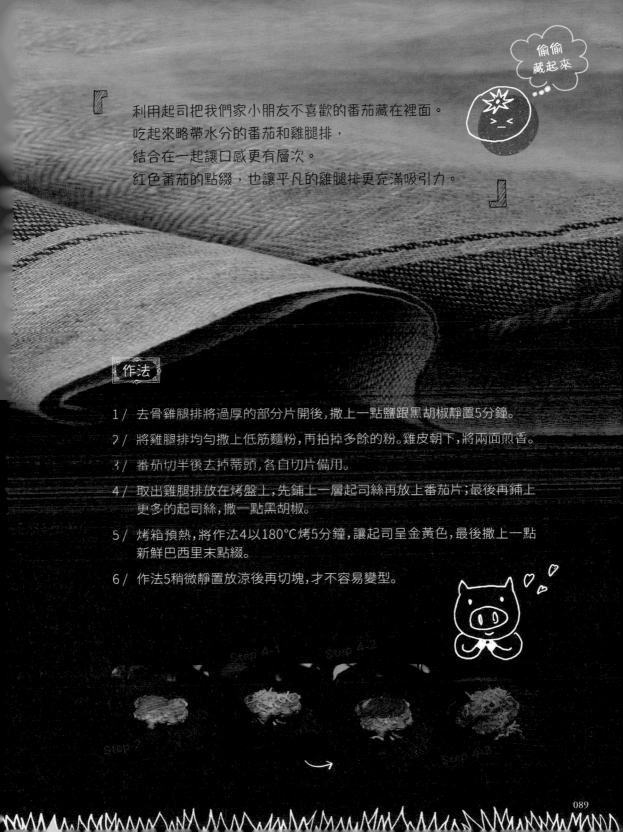

偷偷
藏起來

利用起司把我們家小朋友不喜歡的番茄藏在裡面。
吃起來略帶水分的番茄和雞腿排，
結合在一起讓口感更有層次。
紅色番茄的點綴，也讓平凡的雞腿排更充滿吸引力。

作法

1 / 去骨雞腿排將過厚的部分片開後，撒上一點鹽跟黑胡椒靜置5分鐘。

2 / 將雞腿排均勻撒上低筋麵粉，再拍掉多餘的粉。雞皮朝下，將兩面煎香。

3 / 番茄切半後去掉蒂頭，各自切片備用。

4 / 取出雞腿排放在烤盤上，先鋪上一層起司絲再放上番茄片；最後再鋪上
更多的起司絲，撒一點黑胡椒。

5 / 烤箱預熱，將作法4以180℃烤5分鐘，讓起司呈金黃色，最後撒上一點
新鮮巴西里末點綴。

6 / 作法5稍微靜置放涼後再切塊，才不容易變型。

Step 4-1   Step 4-2

Step 2   Step 4-3

奶醬蓮藕
肉片便當

主菜：適合蒸便當

Didi 小祕方 >>>

1 泡了醋水後的蓮藕不易變色，
可保留食材原本漂亮的色澤。

2 火鍋肉片已經含有油脂，
料理時可以不用再多加油；
用廚房紙巾吸掉鍋內多餘的油，
才能讓成品不過於油膩。

利用家中剩餘的料理塊，讓便當菜色做更多的變化。
不管是一般咖哩還是白醬咖哩，都是省時省力的好幫手。
加入其它蔬菜一起烹煮，就色、香、味都俱全了。

材料

・豬五花火鍋肉片…300g
・蓮藕 …200g
・市售白醬奶油塊…20g
・水…適量

配菜 ----→ 甜椒荷包蛋〔P.167〕
----→ ・櫛瓜水管麵沙拉〔P.178〕
----→ ・十穀飯〔P.181〕

裝飾

・新鮮巴西里…適量
・黑胡椒…適量

作法

1／ 蓮藕去皮清洗乾淨,切成半月型薄片,泡醋水10分鐘備用。

2／ 火鍋肉片切成約一口大小,備用。

3／ 熱鍋後不加油,先炒香作法2的肉片,再放入作法1蓮藕一起拌炒。

4／ 用廚房紙巾吸掉鍋內多餘的油,放入水及白醬奶油塊,融化後燜煮3分鐘。

5／ 作法4撒一點黑胡椒後盛盤,再加上新鮮巴西里末裝飾,即完成。

Step 1 　　Step 3 　　Step 4

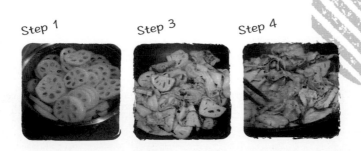

Chapter 3

變化口感的

燉煮 &
絞肉便當

家常滷肉便當

配菜

→ 醬香奶油玉米粒〔P.165〕

→ 涼拌胡麻青花菜〔P.138〕

→ 滷鵪鶉鳥蛋〔P.175〕

→ 白飯

66

就能呈現單純美味的家常滷肉。

好醬油、好酒，

變成現在只需要好肉、好糖、

一再精簡後，

最後用水波爐進行

「油拔」後定型的步驟。

直接用鍋子煎，

所以嘗試了先汆燙或是

沒有勇氣做將肉塊過油的步驟，

剛開始接觸料理時，

可以嚐到微甜的焦糖味。

紹興酒滷肉完成後的醬汁裡，

但是滷完就沒有了。

一開始會有一點臭味，

用紹興酒滷東西

滷肉最重要的是紹興酒，

偶爾會放好吃的油蔥一起入味。

用滷包、也不加香料，

我們家的滷肉不喜歡

99

094

材料

- 厚切五花肉(厚約3cm)…1000g
- 紅冰糖或二砂糖… 2大匙 · 熱水…1大匙

 調味料

- 醬油…40ml · 陳年紹興酒…300ml · 味醂…30ml
- 蔥…1小把綁成團 · 大辣椒…一支 · 水…200ml

作法

1 / 將五花肉條用廚房紙巾吸乾表面水分,並切成適當寬度備用。

2 / 熱鍋後將切塊的肉塊排列好,油層跟瘦肉部位整成方形,放入鍋中,把兩面稍微煎過去油定型。

3 / 取出煎好的肉塊瀝油、吸掉鍋裡大部分的油脂,在鍋中放入冰糖2大匙,轉小火等冰糖融化,再轉呈微焦色時,從側邊倒入1匙熱水(要小心噴濺)。

4 / 待作法3熱水跟焦糖融合成焦糖液後,把肉塊放回去兩面都煎上糖色。

Step 2   Step 4   Step 5   Step 6   Step 7

5 / 將作法4放入蔥團跟大辣椒一根,加入調味料後將水補到稍微淹過食材。

6 / 蓋上蓋子開火燉煮,滾了之後轉小火,成微沸騰狀態計時50分鐘,燉煮到醬汁有點濃稠狀、肉塊也上色即可。

7 / 熄火後讓作法6燜著,直到晚餐前再開火重新滾一次,煮個15分鐘即可開飯。

Didi 小祕方 >>>

1 藉由燜的動作可節省能源也更Q軟。
  不同的糖會影響甜度,也會影響醬油的使用量。

2 單次滷肉剩餘的滷汁,過濾後冷凍保存,下回再滷就可以當老滷使用;老滷可讓第一次滷製的醬汁溫和許多,像隔夜更入味溫潤的味道;滷過油豆腐的醬汁就不適合留著做老滷了,因為油豆腐易使醬汁酸敗。

3 使用不同醬油比例稍有不同,要自己試看看囉。

紹興
滷肉燥便當

配菜
· 鹽麴緞帶胡蘿蔔〔P.153〕
· 起司蓮藕〔P.171〕
· 椒鹽玉米〔P.168〕
· 小魚青江菜〔P.142〕
· 白飯

絞肉的肥瘦比例可依自己喜好，
我喜歡用豬梅花肉加一條五花
或一塊油皮一起絞丁，
帶有一點油脂比較好吃，
但又不想完全用五花肉。
肉燥因為要拌飯或拌麵一起吃，
所以調味時要偏鹹一點點才剛好。
澆淋在各種中式料理上很加分，
分裝冷凍備用也很方便，
是家中必備的常備菜。

主菜：蒸便當或食物保溫罐都適合

材料

絞肉丁（梅花＋五花絞肉）…1000g
蒜末…5瓣

調味料

油蔥酥…50g（分兩次加）
砂糖…2大匙
白胡椒…適量（1/2小匙）
味醂…30ml
醬油…100ml

陳年紹興酒…200ml
水…200ml
長辣椒…1根
蔥段…2根

作法

1 / 熱鍋後把絞肉倒進鍋子裡，鋪平加熱，當底部開始變色時，稍微拌炒一下翻面；差不多半熟時，倒入蒜末爆香，拌炒均勻。

Step 2

2 / 加入調味料：一半分量的油蔥酥、砂糖、白胡椒、味醂、醬油，拌炒均勻讓絞肉上色。

Step 3

3 / 將作法2加入紹興酒和水，放入一根不辣的長辣椒跟一小捆蔥。

Step 4

4 / 作法3蓋上蓋子燜煮30分鐘。時間到加入另一半分量的油蔥酥，試一下味道是否要增減，再繼續燉煮30分鐘。

5 / 再次打開作法4的蓋子，撈掉表面浮油，接下來打開蓋子持續用小火燉煮，讓滷汁收汁。

6 / 當水分減少到食材以下時，適當加入熱水讓它繼續燉煮，再收乾至你想要的濃稠度。

7 / 最後加入水煮蛋跟已完成的滷汁一起浸泡，至上色入味即完成。

Step 7

番茄
肉醬麵便當

配菜
→ · 汆燙青花菜〔P.138〕
→ · 水煮蛋〔P.163〕
→ · 義大利麵

材料
- 洋蔥…1顆切丁 · 牛絞肉…700g(豬、牛絞肉都可以)
- 蒜末…5瓣 · 起司片、起司粉…350g

調味料
- 義大利麵醬…半罐 · 鹽麴…1匙(鹽1小匙)
- 味醂…2大匙 · 水…200ml · 醬油…1大匙

香料
- 綜合義大利香料…1大匙 · 黑胡椒…少許

作法

Step 2-1　　Step 2-2

1/ 熱鍋後將洋蔥丁炒至半透
明,再加入蒜末一起爆香。

2/ 作法1放入絞肉一起拌炒,至逼出
油脂且有香味後加入調味料,加
水稍微淹過材料即可。

3/ 作法2蓋上蓋子,待滾後轉
小火,繼續燉煮20分鐘。

Step 3

4/ 取100g義大利直麵放入長型容器中,倒入
500ml的過濾水,完整的浸泡義大利麵。蓋
上蓋子後冷藏,浸泡時間約2〜6小時,浸泡
時間會影響後續煮麵的時間。

5/ 煮一鍋滾水,放入少許鹽。取出作法4的義大利麵,放入滾水中煮1〜2分
鐘即可撈起瀝乾。

6/ 將作法3攪拌一下,加入香料,再燉煮15分鐘,最後取適量肉醬與作法5
完成的義大利麵拌勻,即完成。

7/ 趁熱放上起司片,加一點起司粉即完成。

這是個懶人番茄肉醬，使用市售的義大利麵醬，再加入大量的絞肉燉煮而成。

不管是用來做番茄肉醬義大利麵、番茄肉醬焗烤飯、淋在烤馬鈴薯上再加雙倍起司、

熱壓三明治的配料、加在高湯裡變成茄汁口味等，是大人小孩都喜愛的極致美味！

Didi 小祕方 >>>

1 因為要拌麵或是做焗烤變化使用，所以調味時要偏鹹一些，水分不要太多才會剛好。

2 可使用新鮮番茄切塊，再加一點自製番茄醬燉煮，代替市售義大利麵醬。

3 使用新鮮番茄時調味可能要調整，同時使用不同種類的番茄可以讓味道更溫和。

4 我習慣在上一餐將義大利麵泡起來放，不同種類的麵泡水時間不一，
　特殊造型的義大利麵浸泡時間可能要縮短。

番茄燉牛肋便當

Didi 小祕方 >>>

1 喜歡吃番茄口感可在最後放入新鮮番茄,減少燉煮時間保留塊狀。這樣就有滿滿茄紅素的湯汁跟漂亮的番茄了!
2 煎牛肋時如果表面撒一點麵粉,也有助於湯汁的濃稠。

主菜:蒸便當或食物保溫罐都適合

THERMOS

買了牛肋又剛好有一袋新鮮番茄,就來燉一鍋吧!
簡單的食材,加上大量番茄燉煮後的風味特別迷人。
把番茄燉煮到有點看不見、變成濃郁的湯汁,輕鬆攝取健康的茄紅素。
藉由家裡每次開了都用不完的麵醬,增加味道的層次,既省事又省力。
最意外的是,在IG曾引起千人實作分享,
很多跟我一樣不愛番茄入菜的朋友們都被征服了!

材料

- 牛助條…650g · 新鮮番茄…3～4顆 · 蒜末…20g · 薑末…15g
- 洋蔥切塊1顆…約170g · 義大利麵醬…約100g
- 砂糖…1大匙 · 醬油…1又1/2大匙 · 米酒…50ml
- 開水淹過食材即可…約300ml

配菜

· 海苔玉子燒〔P.156〕

· 白飯

· 油漬菇奶油白菜〔P.152〕

作法

1/ 牛肋條切成適當大小,表面撒上一點鹽跟黑胡椒,靜置5分鐘。

2/ 熱鍋後把牛肋煎一下,至表面微焦,再加入蒜末、薑末拌炒一下爆香,最後加入洋蔥塊拌炒至洋蔥呈半透明。

3/ 將作法2倒入米酒,再加水稍微淹過食材,或低於一些即可。

4/ 放入1又1/2大匙醬油平衡酸味,加入義大利麵醬與砂糖,稍微攪拌一下,蓋上蓋子燉煮30分鐘。

5/ 作法4打開拌勻,試味道,接著放入切塊的新鮮番茄,再將番茄煮到自己喜歡的口感即完成。

Step 2

Step 3

Step 4

Step 5-1

Step 5-2

媽媽味

主菜：適合**蒸便當**

瓜仔蒸肉便當

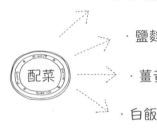

· 咖哩毛豆竹輪 〔P.140〕

· 鹽麴緞帶胡蘿蔔 〔P.153〕

配菜

· 薑黃娃娃菜 〔P.146〕

· 白飯

〔材料〕

· 豬絞肉（粗）…350g
· 市售脆瓜…60g
· 大蒜… 5瓣
· 脆瓜醬汁…2大匙
· 醬油…1大匙
· 蔥花…1根
· 蔥末或香菜…適量

Didi 小祕方 >>>

選擇粗絞肉跟細絞肉的口感不同，
可依個人喜好選擇使用；
前一天先做好，隔天再復熱更美味。

〔作法〕

1／ 將市售脆瓜跟湯汁分開，備用。

2／ 把脆瓜跟大蒜都切碎，跟蔥花一起放入絞肉盆內。加入醬油、脆瓜醬汁，把材料混合均勻，直到產生黏性。

3／ 把作法2的肉餡鋪平在蒸盤上，用刮刀劃分成方型塊狀。

4／ 作法3放入電鍋中，電鍋外鍋倒入1.5杯水，跳起後燜一下，再重複倒入1.5杯水，再蒸一次。

5／ 將完成後的作法4加入一點蔥末或香菜提味，更完美。

Step 2-1

Step 2-2

Step 3

Step 4

為了方便帶便當，將母親傳授給我的肉丸子，
改成用琺瑯盤平鋪的方式，我們家習慣不加蛋攪拌也不放鴨蛋。
選擇多一點油脂的絞肉讓肉汁更美味，蒸肉也不乾柴。
脆瓜本身帶有鹹度，所以調味不用過多，是很輕鬆的料理。

泰式打抛豬便當

主菜：冷便當、蒸便當都適合

配菜
- · 甜椒荷包蛋〔P.167〕
- · 香料松本茸
- · 燕米飯〔P.181〕

材料

- · 豬絞肉…350g · 蒜末…6瓣（約30g）
- · 辣椒…少許 · 小番茄…適量 · 九層塔嫩葉…1大把
- · 松本茸…100g · 黑胡椒…適量

醬汁

- · 醬油…1.5大匙 · 蠔油…1大匙 · 魚露…1.5大匙
- · 砂糖…1小匙 · 酒…1大匙 · 檸檬汁…1大匙

作法

1 / 將醬汁材料（檸檬汁除外）均勻調和備用；小番茄切半、九層塔洗淨瀝乾水分，備用；另外準備1大匙檸檬汁。

3 / 另起一鍋，熱鍋下油後把絞肉鋪平，等底部肉開始熟了，邊切邊拌將絞肉炒開。

4 / 將作法3加入蒜末及辣椒爆香，這樣比較不怕蒜頭炒焦產生苦味。

Step 3-1

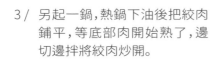

Step 4

2 / 松本茸切成1cm的片狀，熱鍋後不加油，直接乾煎至松本茸微縮，略帶焦色時翻面，最後撒上黑胡椒調味。

Step 5-1 Step 5-2 Step 5-3

5 / 作法4加入醬汁拌炒入味，放入番茄跟九層塔再炒一下，起鍋前再加入1大匙檸檬汁拌勻即可。

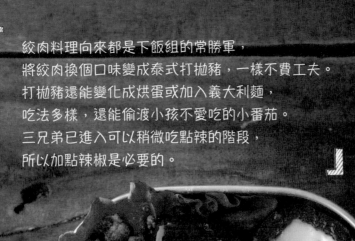

絞肉料理向來都是下飯組的常勝軍，
將絞肉換個口味變成泰式打拋豬，一樣不費工夫。
打拋豬還能變化成烘蛋或加入義大利麵，
吃法多樣，還能偷渡小孩不愛吃的小番茄。
三兄弟已進入可以稍微吃點辣的階段，
所以加點辣椒是必要的。

Didi 小祕方 >>>

1 醬汁可依各家醬油濃度調整，建議大家熟悉自家醬油鹹度後，再做調整。
2 冷凍庫中可常備分裝的檸檬汁，調味使用非常方便。

日式炸肉餅便當

主菜：適合冷便當

MADE for YOU
BENTO

· 青花菜筆管麵沙拉〔P.178〕

配菜 ┄┄┄ · 涼拌紫洋蔥秋葵〔P.139〕

· 燕米飯〔P.181〕

材料

牛絞肉…200g
豬絞肉…200g
洋蔥…1顆切丁

調味料

鹽麴…1大匙
胡椒粉…少許
肉豆蔻粉…1/4小匙
麵包粉…2大匙
牛奶…2大匙

麵衣材料

麵粉…100g
雞蛋…2顆（打散）
麵包粉…100g

炸肉餅可以是點心，也可變化成三明治或免捏壽司，當主食更沒問題。
因為加了肉豆蔻粉而帶點異國風味，擔心不適應香料的話，
可以先少量添加試試看。要注意的是炸肉餅肉餡使用的是生洋蔥丁，
剛炸好時的肉汁加上洋蔥的甜相當美味！但要注意，如果生肉餡做得太多，
冷凍保存時也會因此軟化出水，而變得濕軟容易變型。

作法

1 / 牛絞肉、豬絞肉與洋蔥丁拌勻即可，
　　不用過度攪拌。

2 / 加入泡過牛奶的麵包粉調整肉餡黏
　　度，以適量鹽麴、胡椒粉、肉豆蔻粉
　　調味。

3 / 將肉餡分為6等份，捏成約2cm高的
　　肉餅狀，稍微電打一下，拍出空氣。

4 / 將肉餅依序裹上麵粉、蛋液、麵包
　　粉，以180℃油溫炸到二面呈金黃，
　　最後瀝乾油分即完成。

Didi 小祕方 >>>

1 肉餡若過於濕黏不好甩打整型，
　可先將雙手抹上一點油再進行。

2 肉豆蔻有粉狀跟顆粒狀，前者方便使用，
　後者需在使用前研磨，研磨後的風味較溫和。

Chapter 4

滴家祕傳的

創意
經典便當

主菜：適合 冷便當

日式唐揚炸雞便當

配菜
- 泡菜玉子燒〔P.158〕
- 櫛瓜水管麵沙拉〔P.178〕
- 炸雞三角飯糰〔P.112〕

材料

- 雞胸肉…400g
- 玉米粉…適量

醃料

- 飛魚高湯醬油…2大匙
- 鹽麴…2小匙
- 黑胡椒…少許

作法

1/ 將雞胸肉切成適當大小，用醃料醃漬3小時，備用。

2/ 加熱油鍋至180℃，將醃漬好的作法1雞肉裹上玉米粉，油炸至呈金黃色澤。

3/ 作法2炸好的雞塊瀝乾油分，即完成。

Step 1

Step 2-1
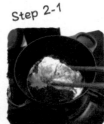

Step 2-2

Step 2-3

Didi 小祕方 >>>

1 沾裹的粉使用太白粉（片栗粉）或玉米粉都可以；使用玉米粉可在冷便當時，
讓炸雞塊較能維持酥脆口感。
2 也可使用去骨雞腿排或雞里肌，不同口感的炸雞塊都很迷人。
3 飛魚高湯醬油可以用鰹魚醬油代替。

「炸雞塊時，飛魚高湯的調味飄出濃濃和風味。
一邊注意著火力，一邊想著等下做完三兄弟的便當，
就順便捏兩個炸雞飯糰犒賞自己當午餐吧！
清晨五點半的廚房，飄出陣陣香氣，
讓我已經開始想偷吃午餐，
配上美乃滋是我們家最愛的吃法。」

炸雞 三角飯糰

主菜：適合 冷便當

Didi 小祕方 >>>

捏飯糰時，
雙手稍微沾濕比較不黏手，
再抹上一點鹽巴，
就算只是白飯糰也美味，
鹽巴還能夠幫助飯糰保存。

材料

炸雞塊…適量
白飯…適量

作法

1/ 將米飯先均分為需要的分量，稍微放涼至微溫。

2/ 雙手沾濕後抹上一點鹽，取出適量的飯，在飯的上方放上一塊炸雞塊，
讓炸雞塊稍微露出，捏成三角飯糰。

3/ 包上海苔片、附上美乃滋，是我們家最受歡迎的吃法。

炸豬排
免捏飯糰

配菜 ⟶ ·奶油香料馬鈴薯〔P.173〕
⟶ ·鹽漬小黃瓜〔P.150〕
⟶ ·小番茄

主菜：適合 冷便當

材料

炸豬排…1片 (參考P.50食譜)
白飯…320g
壽司用海苔片…2片
鹽麴緞帶胡蘿蔔…適量
汆燙青花菜…適量
市售中濃豬排醬

作法

1/ 將米飯稍微放涼至微溫，炸豬排切成適當大小，約5x5cm的片狀。

2/ 海苔片中間放上放約80g的白飯，呈正方形，稍微壓平。

3/ 依序放上炸豬排、淋上市售中濃豬排醬、放上鹽麴緞帶胡蘿蔔、汆燙青花菜，再蓋上一層白飯後，用海苔片四邊向內包覆成正方形。

4/ 反過來放置一下，待海苔稍軟，完全貼合，最後從免捏飯糰中間切開，即完成。

Didi 小祕方 >>>

可使用保鮮膜來輔助包飯糰，就不用擔心包失敗；
放材料時，如果有條狀材料，想要切面好看就要注意切的方向。

Step 3

粉蒸松阪豬便當

下飯又不用顧爐的電鍋料理首選，就算是新手也不容易失敗。
略帶油脂的肉類最適合做這一道，使用排骨、五花肉或松阪豬都適合。
底下的芋頭塊可以換成地瓜或南瓜，美味程度不輪給主角松阪豬

材料

松阪豬…450g
市售粉蒸粉…25g
炸芋頭塊…200g
蔥末或香菜末…適量

醃料

醬油…1小匙
米酒…1小匙
蒜末…1大匙

配菜 ----→ ·滷油豆腐香菇〔P.174〕

----→ ·鹽麴蛋鬆〔P.162〕

----→ 白飯

作法

1/ 松阪豬切成適當大小,加入醃料醃漬30分鐘。

2/ 將作法1的松阪豬肉塊,均勻裹上粉蒸粉,備用。

3/ 蒸盤底鋪上炸過的芋頭塊,再放上松阪豬肉塊,放入電鍋中,外鍋放2杯水蒸兩次至熟透即可。

4/ 盛盤時,撒上適量蔥末或香菜末,即完成。

Didi 小祕方 >>>

1 市售的粉蒸粉已略有調味，所以醃料不需放太多。

2 使用松阪豬因為沒有骨頭，所以不占便當的位置，可以吃到滿滿的肉。

3 將松阪豬肉塊放入塑膠袋中，倒入粉蒸粉後，在袋中留有空氣時捏好收口，搖晃塑膠袋，就可以輕鬆的讓肉塊均勻沾裹粉蒸粉。

· 高湯煮玉米〔P.165〕

· 鹽麴緞帶胡蘿蔔〔P.153〕

配菜

· 鹽漬小黃瓜〔P.150〕

· 青椒午餐肉〔P.154〕

· 白飯

主菜：冷便當、蒸便當都適合

格紋起司
漢堡排便當

家家都有自己特有的漢堡排配方，我們家的漢堡排因為採買關係，
通常都只使用豬絞肉，偶爾偷偷加入牛絞肉，就會被發現更美味。
漢堡排還是得牛豬參半才好，既有油脂又有牛肉的香味，
加上起司就是小朋友的最愛了。多做一點漢堡排，
用烘焙紙隔開冷凍備用，壓扁做成肉排三明治當早餐也很方便。

材料

牛絞肉⋯350g　豬絞肉⋯350g　洋蔥丁⋯200g
麵包粉30g＋鮮奶70ml　蛋⋯1顆　鹽麴⋯2大匙　黑胡椒⋯適量
雙色起司片⋯各6片

醬汁

市售中濃醬⋯2大匙　番茄醬⋯1大匙　水⋯適量　砂糖⋯1小匙

Step 1

1/ 洋蔥丁炒到半透明後,繼續炒到呈少許焦糖色,放涼備用。

2/ 絞肉加入放涼的洋蔥丁、鹽麴、黑胡椒、浸泡過鮮奶的麵包粉、全蛋1顆,攪拌至肉餡產生黏性,分成6〜8等份。雙手拋甩擠出肉餡內空氣,揉成一個緊密的圓餅。

Step 2-1 **Step 2-2** **Step 2-4**

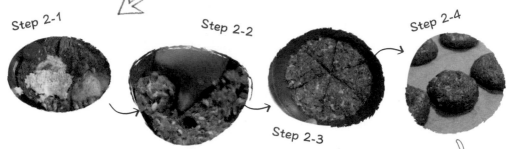

Step 2-3

Step 3

3/ 熱鍋後抹一點油,放入漢堡排並在漢堡排中間部位下壓一個凹洞,將兩面煎過封鎖肉汁、再加一點水蓋上蓋子蒸煮5〜8分鐘至全熟。

Step 5

4/ 用竹籤在漢堡排上戳一下,若流出的湯汁是清澈的就代表熟了。

5/ 取出漢堡排後,利用鍋內漢堡排的肉汁再加入醬汁材料,煮至均勻濃稠後即為漢堡醬汁。

6/ 將作法5醬汁淋上後,趁熱在漢堡排放上起司片,更增添美味。

Didi 小祕方 >>>

1 鹽麴可使漢堡排肉餡更易黏稠,減少甩打的時間;甩打時擠出肉餡內的空氣,可減少加熱後破裂的可能。

2 下鍋時,記得將漢堡排中心壓出一個凹洞,經過加熱後會膨脹;燜煮的過程,可讓漢堡排中心完全熟透。

編織起司的作法

1 / 取兩片不同顏色的起司片,各切成5條長條。

2 / 放在烘焙紙上,將不同色的起司長條交錯,編織成格紋。

3 / 過程中若起司斷裂也沒關係,放在熱食上稍微融化後也看不出來痕跡。

Step 1

Step 2-1

Step 2-2

Step 2-3

Step 2-4

各種醬汁變化

1 / 利用鍋內漢堡排的肉汁再加入市售中濃醬、番茄醬(2:1)、少許砂糖,煮至均勻濃稠後即為漢堡醬汁。

2 / 蘑菇炒香後,加入少許紅酒,煮至酒味蒸發再加入番茄醬、砂糖。視情況加一點水,並加入鹽巴跟黑胡椒,即為紅酒蘑菇醬。

3 / 更陽春版的醬汁,在鍋內漢堡排肉汁中加入少許醬油、奶油、味醂煮至濃稠即可。

滴家美味煎餃便當

從媽媽那裡學來的自家水餃，吃起來跟外面賣的都不一樣。
能吃到肉跟高麗菜的口感，做成煎餃剛起鍋時，還得小心噴汁！
配上辣椒醬油，一餐吃掉60個水餃也不誇張，
滿滿的水餃大軍轉眼間就秒殺了。
附帶著意猶未盡的感覺，這就是家的味道。

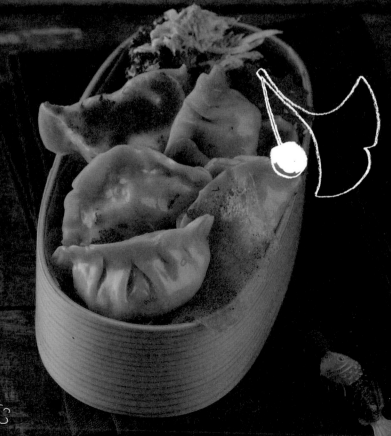

DIDI
HOUSE

 Didi 小祕方 >>>

1 水餃肉餡準備得太多時，可以用春捲皮包起油炸，或直接煎成肉餅。
2 使用洗衣袋是媽媽教我的小技巧，也可直接用手擰乾。不過度脫水是自家製的特色，
　未使用完的內餡不適合冷藏太久，否則容易出水，會比較不好包。

配菜 ┈┈┈> ・涼拌鮪魚青花菜

┈┈┈> ・鹽麴緞帶胡蘿蔔〔P.153〕

材料

- ・高麗菜切碎末…300g
- ・胡蘿蔔絲…75g
- ・芹菜末…60g
- ・蔥末…20g
- ・豬絞肉(粗絞)…600g
- ・水餃皮…50片

調味料

- ・醬油… 1大匙
- ・鹽麴…2大匙(或鹽1小匙)
- ・香油…1大匙
- ・白胡椒粉…1小匙
- ・薑末…15g

麵粉水

- ・水：低筋麵粉(10：1)
- ・油…少許

作法

1/　高麗菜碎末撒一點鹽,翻攪一下,靜置10分鐘去除青味;將高麗菜絲放進大網目的洗衣袋,把多餘水分擠掉。

2/　將作法1與所有材料放在一起,加入調味料攪拌均勻,不需過度攪拌。

3/　煮一鍋水,攪拌完包一顆煮來試吃味道,看需不需要調整口味濃淡。

4/　取適量的肉餡來包餃子,剩下的肉餡先密封冷藏,以避免變質。

Step 1-1　　Step 1-2　　Step 2-1　　Step 2-2　　Step 4

煎餃作法

1/　平底鍋開中小火,淋上一點油,把水餃擺進去(冷藏或冷凍水餃都可以)。

2/　加入調和好的麵粉水,倒入約至水餃1/3高度即可。蓋上鍋蓋計時8～10分鐘(時間和水量有關),時間到看一下底部上色沒,水分太多就打開蓋子煮乾。

家庭式大阪燒便當

主菜：冷便當、蒸便當都適合

Osaka Castle

122

偶爾想換換口味的時候，就選擇大阪燒吧！
「お好みき」的意思，就是把喜歡的材料都拌在一起，
最簡單的是只加入高麗菜跟肉片。
可以視情況加入喜歡的食材，加點海鮮更是豪華澎湃。
孩子們總說，不管什麼東西加了大阪燒醬跟美乃滋就是好吃！

配菜 ┈┈┈▶ ・咖哩毛豆竹輪〔P.140〕

┈┈┈▶ ・汆燙青花菜〔P.138〕

材料

- 五花火鍋肉片…100g
- 高麗菜絲…50g

麵糊材料

- 低筋麵粉…20g
- 水…1大匙
- 烹大師或高湯粉…少許
- 鹽…少許
- 蛋…1顆

醃料

- 市售大阪燒醬…1大匙
- 日式美乃滋…1大匙
- 柴魚片…適量
- 海苔粉…適量

作法

1 / 高麗菜洗淨、切絲備用。

2 / 準備一個大盆將麵糊材料調好，不用過度攪拌調勻即可。

3 / 把作法1放入作法2，跟麵糊拌勻，打入1顆蛋稍微拌開。

4 / 熱鍋後刷油，把大阪燒材料集中成圓形放入，壓緊實些再鋪上肉片。

5 / 蓋上蓋子小火煎至底部金黃後翻面，同樣煎到金黃色即可起鍋。

6 / 表面依序刷上大阪燒醬、擠上日式美乃滋，再用筷子畫過拉出花樣，
最後撒上柴魚片跟海苔粉切片即完成。

Step 4

Step 5

Didi 小祕方 >>>

1 蓋上蓋子燜煮，比較容易讓大阪燒熟透。
2 加入一點高湯粉，讓味道吃起來更像餐廳販售的大阪燒。

雞里肌串燒便當

配菜 ┈┈┈▶ ·毛豆蛋沙拉〔P.164〕
　　　　　　 ┈┈▷ ·生菜

材料
（大約8串）

· 雞里肌…400g · 杏鮑菇…4根 · 紫洋蔥…1/2顆 · 青甜椒…各半顆

醃料

· 醬油…1大匙 · 蒜泥…15g · 鹽麴…2大匙
· 蒙特婁雞肉調味料…1小匙 · 紅椒粉…少許

作法

Step 1

1 / 雞里肌切成適當塊狀，以醃料醃漬30分鐘，備用。

Step 2

3 / 熱鍋後刷一點油，把作法2的串燒放入平底鍋中，小心的移動將每一面都確實煎熟。

Step 3-1　　　Step 3-2

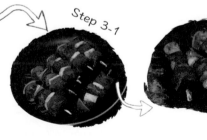

2 / 把全部食材切成大小一致的塊狀，再將不同的食材間隔以竹籤串起。

4 / 可以隨意刷上一點喜歡的串燒醬，或直接吃原味。

Didi 小祕方 >>>

1 使用烤箱時，先將竹籤泡水後再串入食材，用鋁箔紙將竹籤露出的部位包起來，以防燒焦。自家食用就用不鏽鋼串比較環保哦！
2 前一天先備料串好，早上直接下鍋煎，可節省時間快速完成豪華便當。
3 食材盡量切成大小一致較好熟透，不易熟的部位，可以加入少許水以燜煮的方式讓它熟透。

主菜：冷便當、蒸便當都適合

Mid-Autumn
Festival

❝ 小時候每年中秋節家裡的烤肉活動，
一定是整年度最期待的節日，因此長大後每到中秋還是會想回家。
在不方便也不適合隨便戶外烤肉的台北，
就準備家庭式的串燒，來製造專屬的的中秋節回憶。
跟喜歡的蔬菜一起串，一口雞肉一口蔬菜，營養跟口感都滿分！ ❞

美乃滋雞肉丸便當

配菜

· 黃芥末豆苗彩椒沙拉〔P.137〕

· 奶油香料馬鈴薯〔P.173〕

· 香料烤櫛瓜〔P.144〕

· 白飯

主菜：冷便當、**蒸便當**都適合

材料

雞胸肉（或雞絞肉）…300g
美乃滋…3大匙
片栗粉（太白粉）…2大匙
薑末…1小匙
蔥末…2根

作法

LUNCH

Step 1

1/ 將雞胸肉切成小塊後，跟其它材料一起放入調理機中，打成泥狀。

Step 2

2/ 察看一下調理機，有沒有均勻攪成泥狀，再取出。

3/ 將作法2的肉泥取出後鋪平，均分為9份，捏成肉丸子。

Step 3

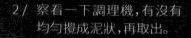

有時總會失手一口氣買了太多雞胸肉，除了乾煎等作法，也會想變換一下口味。
將雞胸肉做成圓滾滾的肉丸子，串成一串串，讓便當變得更加可愛。
這道也是很適合孩子們外出野餐攜帶的料理。

醬汁

酒 1…大匙

味醂… 1大匙

醬油… 1大匙

芝麻粒…少許

Didi 小祕方 >>>

1 沒有調理機時
也可用刀剁碎雞胸肉後
再稍微剁泥跟其它食材混合。

2 使用美乃滋跟片栗粉，
調整肉泥的黏稠度；
最後的醬汁可以自行變化口味。

Step 4

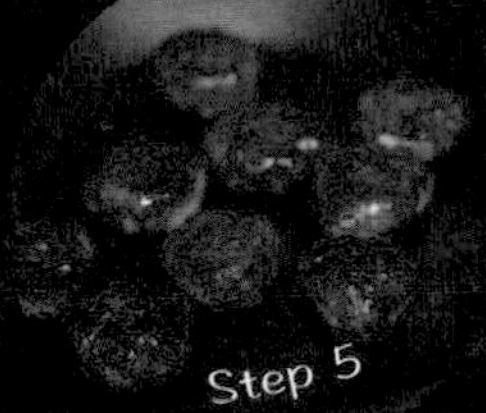

Step 5

5／ 作法4倒入醬汁繼續加熱，至收乾並上色。

4／ 熱鍋後加入少許油，
放入稍微壓扁的肉
丸子，把兩面煎熟。

6／ 用竹籤串起肉丸子，最後撒上一點芝麻粒
即完成。

美乃滋咖哩炸雞翅便當

Didi 小祕方 >>>

1 進烤箱時醬料如果多一點就會比較濕潤，沒有酥脆的表皮但有更濃郁的醬料。
喜歡哪一種口感，可以自己多嘗試看看。

2 不同的咖哩粉也會影響成品色澤，紅椒粉除了調整味道之外，
也能幫助上色。

有時候相同食材不想做一樣的料理，
就會在調味料區來來回回的檢查，看看還有什麼可以運用的。
美乃滋成分裡含醋，除了可以軟化肉質之外，
也是做偷懶炸物時很好的麵衣沾附材料。
唯一要注意的是，美乃滋不容易直接跟醬汁拌勻，
所以可以先加入其它醬汁做醃漬後，再均勻塗抹適量的美乃滋。
進烤箱前，先把多餘的醬料抹掉，比較能烤出酥脆表面。

材料

· 雞翅…9隻

醬料

· 醬油…1小匙
· 蒜泥…3瓣
· 咖哩粉…1小匙
· 紅椒粉…少許

· 日本美乃滋…1大匙

配菜

· 油漬番茄青江菜〔P.141〕
· 焗烤水煮蛋〔P.163〕
· 茄汁炒飯

作法

1／ 雞翅背面沿著骨頭部位，
輕劃兩刀幫助入味。

2／ 將醬料跟雞翅一起抹勻，
再均勻塗上美乃滋，醃漬
30分鐘，備用。

3／ 把雞翅上多餘的醬料
抹掉，排好放入烤盤。

Step 3

4／ 烤箱預熱，以180℃
烤12分鐘，至表面
微焦即完成。

Step 4

泡菜
雞翅便當

配菜 ----→ ·氽燙青花菜〔P.138〕
----→ ·奶油蘑菇炒蝦仁〔P.179〕
----→ ·白飯

材料
· 雞翅…8隻 · 鹽…少許 · 黑胡椒…少許
· 泡菜…100g
· 砂糖…1小匙 · 醬油…2小匙

作法

1/ 雞翅背面沿著骨頭部位輕
劃兩刀,撒一點鹽跟黑胡
椒,靜置5分鐘。

2/ 加入一半分量的泡菜跟
雞翅一起醃漬30分鐘。

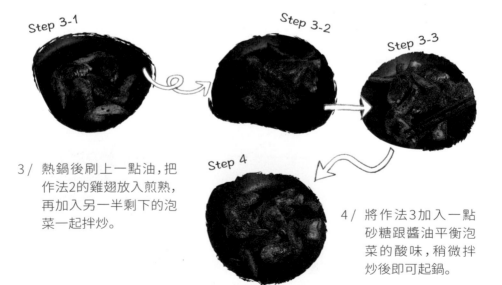

Step 3-1　　Step 3-2　　Step 3-3　　Step 4

3/ 熱鍋後刷上一點油,把
作法2的雞翅放入煎熟,
再加入另一半剩下的泡
菜一起拌炒。

4/ 將作法3加入一點
砂糖跟醬油平衡泡
菜的酸味,稍微拌
炒後即可起鍋。

Didi 小祕方 >>>
要加入起司絲的話,記得在作法4起鍋之前哦!

偶爾想吃一點重口味，
最簡單上手的就是泡菜。
利用一半分量的泡菜一起醃漬入味，
酸辣噴香的雞翅，
要當下酒菜也沒問題。
想讓小朋友一起吃嗎？
不妨在最後加入一點起司絲，
藉由起司融化後的奶香緩和辣度，
保證讓孩子們愛不釋口！

Chapter 5

不復熱也美味的

家常
配菜

涼拌
四季豆木耳

材料

- 四季豆…150g
- 新鮮小木耳…100g
- 辣椒皮…1根

醬料

- 蒜泥…2小匙
- 香油…2小匙
- 砂糖…少許

作法

1/ 四季豆去掉頭尾兩端,豆絲去除後切段,備一鍋滾水加少許鹽,
放入四季豆汆燙至水再次沸騰,撈起冰鎮;放入新鮮的小木耳,
汆燙1分鐘或直到水再度沸騰。

2/ 四季豆跟小木耳都冰鎮後瀝乾水分,放入大碗中。

3/ 調好醬料淋入作法2,放入切絲的辣椒皮一起拌勻即可。

配菜·02 涼拌 蟳味棒四季豆

材料

· 四季豆…100g
· 蟳味棒…3根

醬料

· 蒜泥…1小匙
· 香油…1小匙
· 砂糖…少許

作法

1/ 四季豆去掉頭尾兩端,豆絲去除後切段,備一鍋滾水加少許鹽,放入四季豆汆燙至水再次沸騰,撈起冰鎮。

2/ 拆掉蟳味棒包裝,撕成絲備用。

3/ 四季豆冰鎮後瀝乾水分,跟蟳味棒絲一起放入大碗中。

4/ 將醬料調勻後淋上作法3,拌勻即可。

Didi 小祕方 >>>
蟳味棒冷凍前已是熟魚漿製品,若不放心的話也可以汆燙一下。

配菜
·03·

起司蘆筍

材料

· 粗蘆筍…150g
· 橄欖油…適量
· 起司粉…適量
· 蒜泥…2瓣
· 黃檸檬片…2片
· 檸檬汁…10ml
· 黑胡椒…少許
· 粗辣椒粉…少許

作法

1／ 蘆筍用削皮刀去掉下半部較硬的皮,切成長段備用。

2／ 準備一鍋滾水,加入一點鹽,將蘆筍根先汆燙10秒,再放入其它
　　部位一起汆燙30秒。

3／ 取出作法2冰鎮,瀝乾水分,放上檸檬片、蘆筍,淋上一點橄欖油、
　　檸檬汁、蒜泥、黑胡椒、起司粉。

4／ 最後加上粗辣椒粉,增加顏色即可。

配菜
·04·

黃芥末
豌豆苗沙拉

材料

· 豌豆苗…80g
· 黃甜椒…50g
· 紅甜椒…50g

醬料

· 黃芥末醬…2小匙
· 美乃滋…2小匙
· 黑胡椒…少許

作法

1/ 黃、紅甜椒洗淨切成
細長條狀,備用。

2/ 豌豆苗清洗過後瀝乾
水分,跟黃、紅甜椒及
醬料一起拌勻。

Didi 小祕方 >>>

怕小孩不愛太嗆的黃芥末味,
所以用美乃滋來調整味道,
也可以替換成芥末籽醬＋美乃滋。

配菜·05

汆燙青花菜

Didi 小祕方 >>>
也可用高湯代替水,
讓汆燙的蔬菜更有味。

材料

· 青花菜…180g
· 水…1500ml
· 鹽…1/2小匙
· 冰塊水…適量

作法

1/ 準備一盆冰塊水,將青花菜切成適當大小,用
　 削皮刀削去較老的外皮,洗淨備用。

2/ 煮一鍋滾水,放入鹽跟青菜花汆燙1～2分鐘。

3/ 撈起後,放入冰塊水中冰鎮瀝乾。

配菜·06

涼拌
胡麻青花菜

材料

· 汆燙後的青花菜…150g
· 胡麻醬…1大匙
· 醬油…1/2小匙
· 白醋…1/4小匙

作法

1/ 汆燙後的青花菜,冰鎮後瀝乾水分。

2/ 用自己常用的胡麻醬,以少許醬油跟白醋微調後拌成醬汁,
　 跟青花菜拌勻。

配菜·07 竹輪秋葵捲

材料

· 秋葵…8根
· 竹輪…4根（每根約12Cm）

作法

1/ 用專門刷洗蔬菜的軟鋼刷,刷掉秋葵表面細毛,並切除蒂頭。

2/ 選擇體積較小的秋葵塞進竹輪裡;若秋葵太短,就從竹輪兩端各塞一條。

3/ 煮一鍋滾水,放入竹輪秋葵煮1～2分鐘即可。

4/ 將作法3瀝乾水分後,斜切露出秋葵可愛的星星紋理即完成。

延伸運用 涼拌紫洋蔥秋葵

Didi 小祕方 >>>
市售沙拉醬若太酸太重,
味道可以用高湯再去調整。

材料

· 秋葵…6條
· 紫洋蔥絲…1/6顆
· 市售柚子沙拉醬…1小匙
· 高湯或水…1小匙

作法

1/ 用專門刷洗蔬菜的軟鋼刷,刷掉秋葵表面細毛,並切除蒂頭;紫洋蔥絲泡冰水,去辣備用。

2/ 煮一鍋滾水放入少許鹽,放入秋葵汆燙30秒。

3/ 撈出秋葵後瀝乾水分,切對半,加入紫洋蔥絲跟醬汁一起拌勻。

配菜 ·08·

咖哩
毛豆竹輪

材料

- 毛豆仁…150g
- 竹輪…2根(長約12cm)
- 咖哩粉…1/4小匙
- 黑胡椒…少許

- 水…2000ml
- 鹽…1小匙

作法

1 / 毛豆仁清洗後,煮一鍋滾水加入鹽,放入毛豆仁汆燙3分鐘,
　　 中途撈掉浮渣跟脫落的薄膜。

2 / 撈起毛豆仁冰鎮,瀝乾備用。

3 / 竹輪切薄片,熱鍋後下一點油,先煎香竹輪;放入毛豆仁一起
　　 拌炒,最後以咖哩粉、黑胡椒調味。

Didi 小祕方 >>>

一次將毛豆仁汆燙後冰鎮瀝乾,再分裝冷凍備用是很好用的備料。
用來加入炊飯或配菜中增色也很方便。

配菜·09 油漬 番茄青江菜

材料

- 青江菜…200g
- 油漬番茄…橄欖油含番茄1大匙
- 鹽…少許

作法

1/ 從油漬番茄罐中,取出適量的番茄跟1大匙橄欖油。

2/ 熱鍋後加入橄欖油和油漬番茄一起潤鍋。

3/ 作法2放入青江菜一起拌炒至熟,加入少許鹽調味,即完成。

Didi 小祕方 >>>

油漬番茄經過加熱後香味更濃郁,帶有少許酸甜味讓平凡的菜色煥然一新。可參考P.27。

配菜·10 青江菜花

作法

材料
· 青江菜…200g · 蒜末…3瓣 · 鹽…少許

1/ 青江菜洗淨,蒂頭部位整個切下,去掉周圍較老化的菜梗,留下外型較完整的蒂頭當作花朵裝飾;將蒂頭放在流水下,仔細沖洗5分鐘。

2/ 熱鍋後加油潤鍋,放入蒜末爆香,放入蒂頭先稍微加熱,再放入菜梗一起拌炒至熟。

3/ 最後將作法2加入少許鹽調味,即完成。

小魚青江菜

材料

- 青江菜…200g
- 吻仔魚…30g
- 蒜末…3瓣
- 鹽…少許

Didi 小祕方 >>>

吻仔魚酥可以一次多做一點，
剩餘的加入蒜末、蔥花、
辣椒拌炒後當飯友。

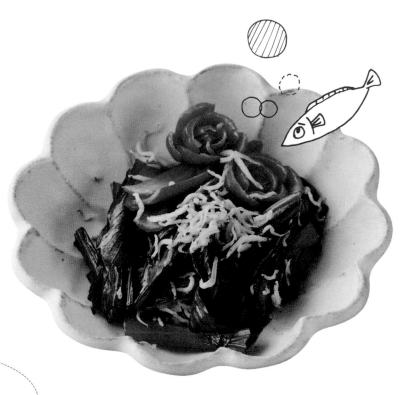

作法

1/ 吻仔魚用少許油半煎炸，煎至微焦狀，當成魚酥備用。

2/ 熱鍋後加油潤鍋，放入蒜末爆香。

3/ 作法2放入青江菜拌炒至熟，再加入少許鹽調味。

4/ 最後放上半煎炸的作法1吻仔魚酥，即完成。

配菜
·12·

芥藍菜花

材料

· 芥藍菜花…200g
· 薑絲…10g

· 水或米酒…1大匙
· 鹽…少許

作法

1 / 芥藍菜花洗淨後，把葉子跟較粗的老梗分開。用削皮刀削去菜梗老皮，切成片狀或適當長度備用。

2 / 熱鍋後下油潤鍋，放入薑絲爆香，再加入芥藍菜花及水或米酒，拌炒至菜梗軟化，加少許鹽調味。

配菜
·13·

香料烤櫛瓜

材料

- 綠櫛瓜…1條
- 黃櫛瓜…1條
- 鹽…少許
- 香料或黑胡椒…少許

作法

1/ 櫛瓜洗乾淨擦乾後切片,在切面上撒點鹽,靜置5分鐘。

2/ 等作法1出水後,將櫛瓜表面水分擦去。

3/ 熱鍋後刷點油,直接把兩面煎香,起鍋前加點喜歡的香料或黑胡椒即可。

144

涼拌黃豆芽

Didi 小祕方 >>>

蓋上蓋子燜煮
可以減少豆腥味。

材料

· 黃豆芽…300g

調味料

· 鹽…少許
· 砂糖…2小匙
· 蒜泥…2小匙
· 韓國芝麻油…2小匙
· 醬油…1小匙
· 白胡椒…少許
· 韓國辣椒粉…1大匙

作法

1/ 黃豆芽去掉尾端鬚鬚,也挑掉老的、壞的
不用。

2/ 煮一鍋水,水滾後放入豆芽,蓋上蓋子。

3/ 豆芽汆燙3分鐘撈起,馬上放入冰塊水中
冰鎮。

4/ 瀝乾水分,加入調味料拌勻,冷藏保存三
天內吃完。

配菜
·15·

薑黃娃娃菜

材料

- 娃娃菜…1包（約250g）
- 鮮香菇…4朵
- 蒜末…3瓣

調味料

- 薑黃粉…1/4小匙
- 黑胡椒…少許
- 鹽…少許
- 水或高湯…50ml

作法

1 / 娃娃菜從中剖開成適當大小，清洗乾淨、瀝乾水分；將鮮香菇切片備用。

2 / 熱鍋後下油潤鍋，放入蒜末跟鮮香菇一起爆香，加入娃娃菜拌炒至有香氣。

3 / 加入調味料跟水，讓薑黃粉融化並入味，待稍微收乾湯汁即可。

配菜
·16·

咖哩白花椰

材料

· 白花椰…1朵（約300g）

調味料

· 蒜末…15g
· 橄欖油…10g
· 咖哩粉…1小匙
· 紅椒粉…1/4小匙
· 黑胡椒…少許

作法

1 / 白花椰去皮再削成適當大小,清洗後瀝乾水分。

2 / 加入蒜末、橄欖油、咖哩粉、黑胡椒、紅椒粉,混合均勻。

3 / 烤箱預熱200℃,把混合好調味料的白花椰,鋪平在烤盤上,進烤箱烤15分鐘。

Didi 小祕方 >>>

將所有材料放入袋中,利用袋子搖晃可以讓白花椰均勻地沾裹調味料。

配菜 ·17

胡麻菠菜

材料

・菠菜…1把
・市售胡麻醬…適量

作法

1／ 菠菜整把清洗乾淨，煮一鍋滾水，將菠菜放入汆燙30秒。

2／ 汆燙後的菠菜放入冰塊水中冰鎮，取出擠乾水分再切段。

3／ 將切段的燙菠菜淋上市售胡麻醬，即完成。

配菜 ·18·

醋漬小黃瓜

材料

· 小黃瓜… 2條(約150g)
· 市售萬能醋…適量

· 淺漬罐(或密封袋+重石)

調味料

· 蒜末…2小匙
· 香油…1小匙
· 辣椒末…適量

作法

1 / 將小黃瓜洗淨擦乾,切段後用刀背拍裂,放入淺漬罐中,加入萬能醋至稍微低於小黃瓜的位置。

2 / 作法1以重石壓著,靜置1小時。

3 / 用重石壓著倒出水分後,加入調味料拌勻,冷藏後更好吃。

Didi 小祕方 >>>
因為淺漬後還會出水,
所以萬能醋不需加到滿過食材。

鹽漬小黃瓜

作法

1/ 小黃瓜洗淨擦乾,切成薄片狀,放入淺漬罐中加入鹽稍微拌勻。

2/ 作法1以重石壓著,靜置1小時,等鹽漬小黃瓜出水。

3/ 將鹽漬小黃瓜擠乾水分,即完成。

材料

· 小黃瓜…2條(約150g)
· 鹽…4g
· 淺漬罐(或密封袋+重石)

Didi 小祕方 >>>

單純的鹽漬小黃瓜常常用來夾早餐肉蛋吐司,或是當簡單的配菜也很爽口;冷藏兩天內是最美味的期限。

150

配菜 ·20· 小松菜
炒豆皮

材料

· 小松菜…150g
· 胡蘿蔔…1/3條
· 方形豆皮…3塊
· 蒜末…3瓣
· 鹽…少許

作法

1/ 小松菜洗淨後切段,分成菜梗跟菜葉兩部分;胡蘿蔔跟豆皮切絲,備用。

2/ 熱鍋後下油潤鍋,放入蒜末爆香。

3/ 作法2先放入菜梗部分拌炒,再加入胡蘿蔔絲、菜葉跟豆皮絲一起拌炒。

4/ 小松菜跟豆皮都不耐炒,加入鹽調味,快速起鍋即可。

配菜·21 油漬菇奶油白菜

材料

- 奶油白菜…250g
- 油漬菇…1大匙
- 蒜末…4瓣
- 鹽…少許

Didi 小祕方 >>>

奶油白菜的菜梗飽滿甜美，
因為太厚實，所以可以燜一下比較快熟。

作法

1／ 熱鍋後從油漬菇罐中(參考P.31)取出適量的菇類，包括橄欖油下鍋，放入蒜末一起爆香。

2／ 放入奶油白菜一起拌炒，加入2大匙的水，稍微燜煮2分鐘。

3／ 最後將作法2加鹽調味，即完成。

鹽麴緞帶胡蘿蔔

配菜·22

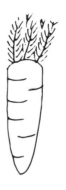 

材料

- 胡蘿蔔…1根
- 油…10～15ml
- 鹽麴…2小匙
- 白芝麻粒…適量

作法

1 / 使用削皮刀將胡蘿蔔削成薄片狀。

2 / 熱鍋後倒入比平常炒菜多一點的油,放入胡蘿蔔拌炒至微軟。

3 / 將胡蘿蔔炒到喜歡的軟度後,加入鹽麴調味再拌炒一下,撒上白芝麻粒即完成。

Didi 小祕方 >>>

1 這樣的胡蘿蔔沒有草味,有時還有點地瓜甜味。
2 使用削皮刀是因為削成薄片容易軟化,嚼起來口感比較好。
3 胡蘿蔔的營養素,經過加熱及油的包覆才能被人體吸收,所以要多放一點油哦!

配菜·23

青椒午餐肉

材料

・青椒…2顆
・午餐肉…1/3罐（約100g）
・蒜末…2瓣

作法

1/ 取1/3罐午餐肉先切成片狀，再切成長條狀。

2/ 青椒去頭、去籽後清洗，切成和午餐肉一樣寬的長條狀。

3/ 熱鍋後下油潤鍋，放入蒜末爆香後，加入午餐肉條煎到微焦。

4/ 作法3加入青椒絲，快速拌炒即可。

配菜·24

清炒彩椒

材料

・紅椒…1顆 　・黃椒…1顆
・蒜末…3瓣 　・鹽…少許

作法

1/ 彩椒去頭去籽後清洗，切成長條菱形。

2/ 熱鍋後下油潤鍋，放入蒜末爆香，放入
彩椒塊拌炒後加入鹽調味。

配菜
·25·

原味玉子燒

材料

· 蛋…2顆
· 鹽麴…1/2小匙
  使用鹽代替只需少許
· 水…20ml

作法

1/ 將蛋液跟其它材料混合,攪拌均勻備用。

2/ 玉子燒鍋熱鍋後,均勻刷上適量油。倒入
   第一次的蛋液,均勻鋪開後捲起。

3/ 把蛋液捲起,推移到前端,再刷一次油、
   倒入第二層蛋液。重覆數次到蛋液用完。

4/ 成型後利用鍋鏟加壓,讓形狀更固定,取
   出放涼後切片。

配菜
·26·

海苔玉子燒

材料 ·蛋…2顆 ·鹽麴…1/2小匙 ·水…20ml ·海苔片…數片

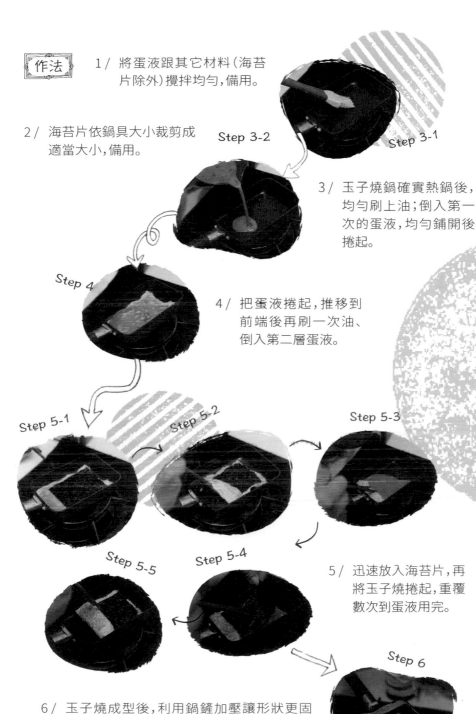

作法 1／ 將蛋液跟其它材料（海苔片除外）攪拌均勻，備用。

2／ 海苔片依鍋具大小裁剪成適當大小，備用。

Step 3-1

Step 3-2

3／ 玉子燒鍋確實熱鍋後，均勻刷上油；倒入第一次的蛋液，均勻鋪開後捲起。

Step 4

4／ 把蛋液捲起，推移到前端後再刷一次油、倒入第二層蛋液。

Step 5-1

Step 5-2

Step 5-3

Step 5-5

Step 5-4

5／ 迅速放入海苔片，再將玉子燒捲起，重覆數次到蛋液用完。

Step 6

6／ 玉子燒成型後，利用鍋鏟加壓讓形狀更固定，取出放涼後切片。

157

泡菜玉子燒

材料

- 蛋⋯2顆
- 鹽麴⋯1/4小匙
- 水⋯30ml
- 泡菜⋯30g

作法

1/　蛋液裡加入鹽麴、水、切丁泡菜，一起拌勻。

2/　玉子燒鍋熱鍋後，均勻刷上適量油。倒入第一次的蛋液，均勻鋪開後捲起。

3/　把蛋液捲起，推移到前端，再刷一次油、倒入第二層蛋液。重覆數次到蛋液用完

4/　成型後利用鍋鏟加壓，讓形狀更固定，取出稍微放涼後切片。

配菜·28· 沙拉醬菠菜番茄烘蛋

材料

- 蛋…3顆
- 沙拉醬…1大匙
- 鹽…少許
- 黑胡椒…少許
- 菠菜切段…適量
- 番茄…適量

- 使用15cm鑄鐵鍋

作法

1 / 打一顆蛋先跟沙拉醬拌勻，再打入剩下兩顆蛋，加少許鹽與黑胡椒調味，放入切碎的菠菜一起攪拌均勻。

2 / 燒熱15cm圓鑄鐵鍋、刷油，倒入作法1的菠菜蛋液。

3 / 鍋子底部跟周邊稍微凝固時，用筷子攪拌一下，讓上層蛋液可以跟稍微凝固的蛋液交換位置。看起來已經不太有流動的蛋液時，鋪上番茄片，撒一點黑胡椒。

4 / 預熱烤箱200℃，將鍋子移入烤箱，烤5～8分鐘將烘蛋表面烤熟上色。取出後稍微放涼，再切塊。

配菜 ·29· 蔥花菜脯玉子燒

材料

· 蛋⋯2顆
· 醬油⋯1/2小匙
· 水⋯20ml

· 菜脯⋯15g
· 蔥⋯1根
· 糖⋯1/4小匙

作法

1／菜脯泡水十分鐘去掉多餘的鹹分，壓乾水分後切碎；備好蔥花。

2／蛋液加少許醬油、水、切末菜脯、蔥花及糖，一起拌勻。

3／玉子燒鍋熱鍋後刷上油，倒入第一層蛋液捲起後，重覆倒入蛋液。

4／將蛋液用完後完成玉子燒，稍微放涼後切塊。

5／成型後利用鍋鏟加壓，讓形狀更固定，取出放涼後切片。

Didi 小祕方 >>>

1 泡水時間可依菜脯的鹹度做調整。
2 每次倒入蛋液前，都再次攪拌，才能讓菜脯分布均勻。

馬鈴薯
餅烘蛋

材料

- 蛋⋯2顆
- 鹽⋯少許
- 水⋯20ml

- 捏碎的薯餅⋯1塊
- 培根丁⋯1條
- 綠花椰⋯3朵
- 起司絲⋯50g
- 黑胡椒⋯少許

作法

1 / 先把綠花椰切碎跟培根炒香,盛盤備用。

2 / 將捏碎的薯餅與蛋液、鹽、水混合均勻。

3 / 熱鍋後均勻刷上油,在章魚燒鍋內倒入少許蛋液,並用筷子攪拌一下,讓裡面的蛋液呈半熟狀態。

4 / 放入準備好的作法1,塞一點起司進去,再倒入剩下的蛋液,蓋上蓋子讓表面凝固,撒一點黑胡椒。

5 / 用竹籤輔助,從側邊慢慢取出。

Didi 小祕方 >>>

半圓形的章魚燒鍋造型可愛,
也可以用小鐵鍋或烤盅一次完成。
參照配菜P.159的作法完成。

配菜 ·31·

鹽麴蛋鬆

材料

· 蛋…3顆
· 鹽麴…1小匙
· 牛奶…30ml

Didi 小祕方 >>>

使用不沾鍋要小心刮傷，
使用木筷比較安全。

作法

1 / 將蛋打入碗中，倒入牛奶、加入鹽麴，拌勻備用；不沾鍋加熱後，均勻抹上適量的油。

2 / 作法1的蛋液倒入鍋中，稍微搖晃鍋子，盡量讓蛋液可以鋪平。

3 / 準備兩雙以上的木筷同時使用，在鍋子周邊跟底部，稍有凝固的蛋液時，就開始用筷子把它攪開。

4 / 鍋子持續加熱、蛋液也持續凝固，這時不斷地持續攪拌就能形成蛋鬆。

配菜·32 焗烤水煮蛋

材料

- 水煮蛋…3顆
- 美乃滋…少許
- 起司絲…30g
- 粗辣椒粉…少許
- 黑胡椒…少許

作法

1 / 將切片的水煮蛋鋪在烤盤上,每一片稍微重疊放上。

2 / 擠一點美乃滋、鋪上起司絲,撒一點黑胡椒及粗辣椒粉調味。

3 / 預熱烤箱,以180℃烤3〜5分鐘,將起司烤融化上色即可。

配菜·33 水煮蛋

材料 · 雞蛋 · 水 · 冰塊

作法

1 / 從冰箱冷藏室取出雞蛋,直接放進鍋中,倒入能淹過雞蛋的水量,開中大火。

2 / 中途稍微攪動一下,蛋黃的位置會比較平均。

3 / 等水滾後改中小火,維持稍微沸騰的狀態,計時4〜6分鐘。

4 / 計時4分鐘取出蛋黃時,會稍有流動感;若煮6分鐘,蛋黃差不多已熟透。

5 / 把雞蛋撈起放到冰塊水裡,順便敲裂蛋殼,再泡一下冰水後剝殼。

配菜 ·34· 毛豆蛋沙拉

材料

- 水煮蛋…2顆
- 毛豆仁…50g
- 美乃滋…2大匙
- 鹽…少許
- 黑胡椒…少許

作法

1/ 準備好水煮蛋跟水煮毛豆仁。

2/ 用叉子將水煮蛋依喜好的口感壓碎,加入美乃滋、黑胡椒、鹽稍微拌勻。

3/ 加入水煮過的毛豆仁點綴,即完成。

醬香奶油玉米粒

配菜·35·

材料

- 罐裝玉米粒…200g
- 無鹽奶油…10g
- 醬油…少許
- 黑胡椒…少許
- 鹽…少許

作法

1 / 罐裝玉米粒瀝掉多餘水分。

2 / 熱鍋後放入奶油塊,融化後倒入玉米粒拌炒至收乾。

3 / 加一點醬油、鹽跟黑胡椒調味。醬油用量不多,增加醬香味即可。

延伸運用

高湯煮玉米

材料

- 甜玉米…2根
- 市售高湯包…1包
- 水…1500ml

作法

1 / 取一鍋冷水完全浸泡玉米,再放入高湯包。

2 / 以冷水煮滾,煮滾後計時10分鐘。

3 / 時間到取出玉米放涼,即可切成適當大小。

Didi 小祕方 >>>

玉米若有帶皮一起煮,更能保留住甜分。

配菜
·36·

洋蔥荷包蛋

材料

· 洋蔥…1顆
· 蛋…2顆
· 黑胡椒…少許

作法

1／ 洋蔥切成圓圈狀，選擇大小適合的圓。

2／ 熱鍋後刷油，放上洋蔥圈、打入一顆蛋，用筷子輕輕將蛋黃移動到中間位置固定。

3／ 小火持續加熱，將蛋煎至喜歡的熟度，撒上一點喜歡的香料或黑胡椒即可。

配菜
·37·

甜椒荷包蛋

材料

· 甜椒…1顆
· 蛋…2顆
· 黑胡椒…少許

作法

1/ 甜椒切成圓圈狀,選擇大
小適合的圓。

Step 2-2

Step 2-1

2/ 熱鍋後刷油放上甜椒
圈、打入1顆蛋。用筷子
將蛋黃移動到中間的位
置固定。

Step 2-3

Step 3

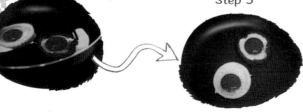

3/ 小火持續加熱
將蛋煎至喜歡
的熟度。

4/ 撒一點喜歡的香料或黑胡椒即可。

配菜
·38·

椒鹽玉米

材料

· 甜玉米…2根

調味料

· 醬油…1大匙
· 砂糖…1小匙
· 奶油…10g
· 蒜末…15g
· 蔥末…1根
· 白胡椒…少許

醬料

· 醬油…1大匙
· 砂糖…1小匙
· 奶油…10g

作法

1 / 整根甜玉米放內鍋中水煮20分鐘,撈起沖涼後,先切段再從中間切成適當大小。

2 / 熱鍋後不放油,玉米粒的部位朝下乾煎,至顏色微焦且玉米粒有點乾癟。

3 / 加入蒜末、蔥末、白胡椒粉及醬料,均勻沾裹上色。

洋蔥
培根起司燒

配菜 ·39·

材料

- 洋蔥…1顆
- 美乃滋…15g
- 培根…2條
- 起司絲…40g
- 黑胡椒…少許

作法

1 / 洋蔥頭尾切掉一小部分、去皮後,輪切成約 1cm的圓片狀。

2 / 將洋蔥圓片排放在烤盤上,淋上少許美乃滋並 放上培根碎片,鋪上起司絲後加一點黑胡椒。

3 / 預熱烤箱,以180°C烤15分鐘,烤至洋蔥軟化。

Didi 小祕方 >>>

不喜歡美乃滋的話, 也可以替換成橄欖油。

配菜
·40·

味噌蓮藕

材料

・ 蓮藕…100g
・ 白醋…1大匙
・ 水…500ml
・ 黑胡椒…適量
・ 片栗粉…適量

醬料

・ 味噌…1小匙
・ 砂糖…1小匙
・ 水…1大匙

作法

1 / 蓮藕洗掉泥土,去皮、切薄片泡醋水10分鐘,取出擦乾水分,兩面各沾一
　　點片栗粉後用鍋子煎過。

2 / 兩面煎香後,倒入調和好的醬料,稍微拌炒沾裹即完成。

Didi 小祕方 >>>

不同的味噌會影響鹹度,
可用水跟砂糖調整。

配菜
·41·

起司蓮藕

材料

· 蓮藕⋯100g
· 白醋⋯1大匙
· 水⋯500ml
· 海鹽⋯少許
· 起司絲⋯適量
· 黑胡椒⋯適量

作法

1/ 蓮藕洗掉泥土,去皮、切薄片泡醋水10分鐘,
取出擦乾水分,用鍋子兩面煎過。

2/ 兩面煎香後撒點海鹽,排列整齊在烤盤上,
放上起司絲、撒上一點黑胡椒。

3/ 烤箱預熱,230℃烤3〜5分鐘,讓起司融化即
可。

杏鮑菇僞干貝

材料

· 杏鮑菇…1大根
· 黑胡椒或喜歡的香料…適量

作法

1/ 杏鮑菇擦拭乾淨後,切成約3cm厚的圓輪狀,在切面上用刀劃出紋路。

2/ 熱鍋後不加油,直接放入杏鮑菇乾煎,至表面微縮並有點出水後翻面。

3/ 繼續把另一面煎到微焦,撒上喜歡的香料即可。

配菜·43·

奶油香料馬鈴薯

材料

- 白玉馬鈴薯…4顆（約350g）
- 橄欖油…10g
- 室溫軟化奶油…10g
- 綜合義大利香料…1/2小匙
- 黑胡椒…少許
- 韓式辣椒粉…少許

Didi 小祕方 >>>

1 馬鈴薯不要切太小，以免缺乏口感又容易乾硬。
2 香料可使用新鮮香草或綜合義大利香料，
　也可以試試咖哩粉。

作法

1／ 白玉馬鈴薯表皮洗乾淨，去掉芽眼、切塊，泡水10分鐘去澱粉。

2／ 瀝乾放入冷水鍋，並在水裡加點鹽，開火煮滾後計時6分鐘。待可
　　輕易用竹籤穿透馬鈴薯，即可取出瀝乾水分。

3／ 將作法2放入大盆中，加入室溫軟化奶油、橄欖油、喜歡的香料、
　　黑胡椒、少許辣椒粉，將材料拌勻。

4／ 烤箱預熱200℃，將作法3排放在烤盤上，烘烤10～15分鐘，表面
　　呈金黃酥脆即可。

配菜 ·44·

滷油豆腐香菇

材料

· 油豆腐…1盒
· 滷蛋…適量
· 火腿片…適量
· 鮮香菇…6朵
· 老滷汁

作法

1/　油豆腐用滾水快速汆燙,去掉表面炸油及油味。

2/　選大小適中的鮮香菇,表面刻花後稍微擦拭乾淨。

3/　將剩餘的家常滷肉或紹興滷肉燥的湯汁撈乾淨肉渣後,試試味道,補一些醬油或水,放入油豆腐、滷蛋、火腿片跟鮮香菇,在滷汁中燉煮10分鐘。

Didi 小祕方 >>>

滷汁滷過油豆腐後,會較容易酸敗不易保存再利用,
所以用剩餘的滷汁來做這道小菜完全不浪費。
也可以加入各種喜愛的食材做成滷味拼盤。

滷鵪鶉鳥蛋

[材料]

· 鵪鶉鳥蛋… 2袋（約24顆）
· 老滷汁

Didi 小祕方 >>>

若要隔餐用，也可在滷汁煮滾後熄火，
讓水煮鵪鶉鳥蛋直接浸泡入味即可。

[作法]

1／ 市售水煮鵪鶉鳥蛋拆開包裝，過水清洗，瀝乾水分，備用。

2／ 將剩餘的家常滷肉或紹興滷肉燥的湯汁撈乾淨肉渣後，
　　當成老滷汁，試試味道，補一些醬油或水。

3／ 在作法2放入水煮鵪鶉鳥蛋，在滷汁中燉煮10分鐘。

配菜·46· 海苔奶油馬鈴薯

材料

- 白玉馬鈴薯…4顆（約350g）
- 橄欖油…10g
- 室溫軟化奶油…10g
- 海苔粉…1/2小匙
- 黑胡椒…少許

Didi 小祕方 >>>

使用一般馬鈴薯，
可用軟刷刷淨表皮，
或直接去皮。

作法

1/ 白玉馬鈴薯表皮洗乾淨，去掉芽眼、切塊，泡水10分鐘去澱粉。

2/ 作法1瀝乾放入冷水鍋，並在水裡加點鹽，開火煮滾後計時6分鐘。待可輕易用竹籤穿透馬鈴薯，即可取出瀝乾水分。

3/ 將作法2放入大盆中，加入室溫軟化奶油、橄欖油、海苔粉、黑胡椒，將材料拌勻。

4/ 烤箱預熱200℃，將作法3排放在烤盤上，烘烤10～15分鐘，表面呈金黃酥脆即可。

176

配菜 ·47· 馬鈴薯通心粉沙拉

材料

- 馬鈴薯泥
- 馬鈴薯…2顆（約450g）
- 鹽…1小匙
- 水…足夠淹過馬鈴薯即可

調味料

- 無鹽奶油…40g
- 美乃滋…15g
- 鹽、黑胡椒…少許
- 牛奶…適量

- 熟通心粉…100g
- 小黃瓜…半根
- 午餐肉…1/4罐
- 美乃滋…10g

作法

1 / 馬鈴薯去皮切塊放入冷水鍋中，加入1小匙鹽，開火煮至竹籤可輕鬆穿過。

2 / 用叉子或搗泥器將作法1壓碎成泥，喜歡口感則可保留一點顆粒狀的薯塊。

3 / 趁熱加入無鹽奶油塊跟其它調味料，拌勻後加入牛奶調整柔軟度。

4 / 小黃瓜切片、將午餐肉切條狀煎過，備用。

5 / 取適量馬鈴薯泥、煮熟的通心粉跟作法4拌勻，以美乃滋拌勻成沙拉狀。

青花菜筆管麵沙拉

配菜 ·48·

材料

- 熟筆管麵…150g
- 青花菜…1/3顆
- 午餐肉…1/4罐
- 罐頭玉米粒…30g
- 甜椒…半顆

調味料

- 美乃滋…3大匙
- 黑胡椒…少許
- 鹽…少許

作法

1 / 筆管麵煮熟瀝乾水分,拌一點橄欖油(分量外)防沾黏;青花菜汆燙瀝乾、甜椒切丁、午餐肉切成長條狀煎過,備用。

2 / 將筆管麵跟其它材料混合後,加入調味料拌勻即可。

櫛瓜水管麵沙拉

延伸運用

材料

- 熟水管麵…200g
- 香料烤櫛瓜(P.145)
- 甜椒…半顆
- 橄欖油…2大匙
- 黑胡椒…少許
- 鹽…少許

作法

1 / 水管麵煮熟瀝乾水分,拌入一點橄欖油(分量外)防沾黏;香料櫛瓜、甜椒切丁備用。

2 / 將所有材料混合後,加入橄欖油、黑胡椒、鹽拌勻。

奶油蘑菇炒蝦仁

配菜·49

材料

· 蘑菇…100g
· 蝦仁…100g
· 蒜末…5瓣
· 奶油…5g

調味料

· 鹽…少許
· 黑胡椒…少許
· 蔥花…適量

Didi 小祕方 >>>

乾煎過的菇類更加美味,
大量蒜末加上奶油是香氣的來源。
雖然大部分人工培植的菇類,
只需刷掉碎屑或用濕布擦乾淨即可,
但蘑菇採收後沾黏的碎屑比較多,
如果要採水洗的方式,
記得快速沖水洗淨後擦乾水分,
立即料理。

作法

1/ 蘑菇去掉較老的蒂頭部分後,對切備用。

2/ 熱鍋後不加油先乾煎蘑菇,等蘑菇稍微出水,拌炒至水分收乾,盛起備用。

3/ 原鍋下一點油爆香蒜末,炒香蝦仁後再倒入炒好的蘑菇一起拌炒,最後放入奶油塊融化,加入調味料一起拌勻。

栗子飯

配菜·50

材料

- 米⋯2杯
- 去殼栗子⋯150g

調味料

- 醬油⋯1大匙
- 清酒⋯1大匙
- 味醂⋯1大匙
- 鹽⋯1/2小匙
- 水或高湯⋯適量

作法

1/ 洗好米瀝乾水分,放入炊飯鍋中。

2/ 用量杯先放入調味料,再用水或高湯補滿2又1/4杯的分量,倒入鍋中。

3/ 鋪上蒸熟的栗子,蓋上炊飯鍋內、外蓋,以中大火煮至冒出蒸氣後,轉小火計時10分鐘,熄火。

4/ 將作法3燜15分鐘,打開內、外蓋,拌勻即可。

Didi 小祕方 >>>

生栗子不易煮熟,可以切成小塊放入;
或是先把整顆去殼栗子蒸熟,再放入炊飯鍋中料理。
栗子煮熟後容易變黑是正常的。

Didi 小祕方 >>>

燕米是燕麥去殼所以不用再浸泡，
代替白飯食用營養價值與燕麥差不多，
容易有飽足感、熱量及升醣也較低。
有牛奶的香味很受小朋友歡迎，單獨煮來替代白飯，
或用自己喜歡的比例跟白米搭配都很不錯。
我試過最喜歡的比例，還是白米2、燕米1。

延伸
運用

燕米飯

| 材料 |

· 白米…2杯　· 燕米…1杯
· 水…3又1/4杯（水量可以視各人喜好跟烹煮工具調整）

延伸
運用

十穀飯

| 材料 |

· 白米…1又1/2杯

· 十穀米…1/2杯

· 水…2杯

Didi 小祕方 >>>

十穀米也是另一個好選擇。
因為含有紫米跟黑米，
飯的顏色也會染上淡淡的紫，特別漂亮。
依照孩子能接受的比例，偶爾可跟白飯交替食用。

簡約新食力 — KAKOMI
生活好食光

KINTO

以時尚簡約的外型，結合日式質樸溫潤的手感，
全新一代的改良式土鍋KAKOMI，能夠保留食
物的原味，燉、煮、蒸、烤都能完美勝任，一年
四季皆能靈活運用，暖冬時節拉近彼此之間的距
離，在時令的蔬食間尋找料理新樂趣！

KAKOMI土鍋可適用於各式電熱爐、電陶爐、瓦斯爐、IH爐、微波爐、烤箱使用

KAKOMI土鍋2.5L/1.2L

KAKOMI炊飯鍋1.2L

WHERE TO BUY

誠品信義店 2F (02)2722-6171 / 誠品生活松菸店 2F (02)6639-9948 / nest：ro 誠品敦南概念店 GF (02)2771-4913 /
統一時代百貨 5F (02)8789-1869 / 新光三越信義A9館 4F (02)2729-3886 / 新竹SOGO巨城店 6F (03)533-4713 /
新光三越台中店 7F (04)2251-7426 / 高雄漢神巨蛋購物廣場 B1F (07)550-3698 / nest x GREENGATE台南西門店 B1F (06)303-1183

nest 巢·家居 www.nestcollection.tw ☐ nest 巢·家居 🔍

日本大銷售 **40萬** 主婦都說讚

0.2秒燈管 日本獨家專利技術

全世界的第一個安裝
"遠紅石墨"的技術

"遠紅石墨"只需0.2秒即可升溫並增加內部溫度。 通過短時間和高溫一次烘烤，產生外表酥脆並保留住內部水分的軟嫩口感，可以烤年糕等食物。

在烤盤裡，烹飪寬度是無限的

如果您使用附帶的烤盤，您還可以烹飪達到最高溫度330℃的烤箱。 不僅僅是烤麵包還有，實現「燒」「烤」「蒸」「溫熱」，等根據想法實現豐富多彩的烹調。

Energy系列

自然健康的烹調體驗
德國 BEKA 黑鑽陶瓷健康鍋

德國百年鍋具專家

採用BEKA貝卡最新陶瓷塗層(貝卡耐Bekadur Dualforce)，比傳統不沾塗層效果更好，硬度加強，更加耐磨。
多款鍋型設計，提供您完美烹調出炙烤、乾煎肉類與魚類料理。

獨家專利塗層	絕佳熱傳導性	人體工學設計手把	健康無毒又環保

不沾效果佳 添加陶瓷更加耐磨	擁有絕佳導熱效果 料理省時又節能	涼感電木材質 好握、好拿、不燙手	採用對友善環保製程 減少50%二氧化碳排放

Energy 黑鑽陶瓷健康鍋

單柄平底鍋 24cm / 28cm

單柄附耳平底鍋 32cm

單柄附耳炒鍋30cm

方形煎烤鍋 28 X 28cm

煎魚鍋 34 X 23cm

 瓦斯爐 電爐

 陶瓷爐面 電磁爐

**適用電磁爐及
各種烹調熱源**

請洽皇冠金屬形象店及全國百貨公司BEKA貝卡直營專櫃/連鎖通路

 BEKA 貝卡台灣區總代理
皇冠金屬工業股份有限公司

地址：104 台北市中山區復興南路一段 2 號 8F 之 1
消費者服務專線：0800-251-030

德國BEKA貝卡
台灣官網

德國BEKA貝卡
FB官方粉絲團

手機掃描 QR Code

手機掃描 QR Code

MEAT LOVERS

THOMAS MEAT

BEST
CHOICE

FRESH

FARM TO TABLE

臺北
米其林指南
首選肉品
合作夥伴

湯瑪仕肉舖

憑此券
$100

詳細使用方式請來電 (02)2932-3807 #268 詢問　　消費滿 $1000 即可折抵 $100
本券不得與其他優惠合併使用　　有效日期至 2019 / 10 / 31

大加燕米 [R]

提升專注力　增加續航力

加拿大冷藏進口 ✔　　　富含蛋白質、礦物質 ✔

天然 β-葡聚醣來源 ✔　　　獨家脫殼技術 易煮快熟 ✔

元氣滿滿肉便當

冷熱吃都美味！36款營養飯盒×50道不復熱配菜

作　　者｜抽屜積水 DIDI
攝　　影｜王正毅、抽屜積水
發 行 人｜林隆奮 Frank Lin
社　　長｜蘇國林 Green Su

出版團隊
總 編 輯｜葉怡慧 Carol Yeh
企劃編輯｜楊玲宜 Erin Yang
封面裝幀｜高鶴倫 Crane Kao
版面設計｜高鶴倫 Crane Kao

行銷統籌
業務處長｜吳宗庭 Tim Wu
業務主任｜蘇倍生 Benson Su
業務專員｜鍾依娟 Irina Chung
業務秘書｜陳曉琪 Angel Chen、莊皓雯 Gia Chuang
行銷主任｜朱韻淑 Vina Ju

發行公司｜精誠資訊股分有限公司 悅知文化
　　　　　105台北市松山區復興北路99號12樓
專　　線｜（02）2719-8811
傳　　真｜（02）2719-7980
悅知網址｜http://www.delightpress.com.tw
客服信箱｜cs@delightpress.com.tw
二版二刷｜2021年8月
建議售價｜新台幣380元

國家圖書館出版品預行編目資料

元氣滿滿肉便當：冷熱吃都美味！36款營養飯
盒×50道不復熱配菜／抽屜積水DIDI著. -- 二
版. -- 臺北市：精誠資訊，2021.06
　　面；　公分
　　ISBN 978-986-510-157-2（平裝）

1.食譜
427.1　　　　　　　　　　　　　110009527

建議分類｜食譜

讀 者 回 函　　　《元氣滿滿肉便當》

感謝您購買本書。為提供更好的服務，請撥冗回答下列問題，以做為我們日後改善的依據。
請將回函寄回台北市復興北路99號12樓（免貼郵票），悦知文化感謝您的支持與愛護！

姓名：＿＿＿＿＿＿＿＿＿＿　性別：□男　□女　年齡：＿＿＿＿歲

聯絡電話：(日)＿＿＿＿＿＿＿　(夜)＿＿＿＿＿＿＿＿＿

Email：＿＿＿＿＿＿＿＿＿＿＿＿＿＿＿＿＿＿＿＿＿＿＿

通訊地址：□□□-□□ ＿＿＿＿＿＿＿＿＿＿＿＿＿＿＿＿＿＿

學歷：□國中以下 □高中 □專科 □大學 □研究所 □研究所以上

職稱：□學生 □家管 □自由工作者 □一般職員 □中高階主管 □經營者 □其他＿＿＿＿＿

平均每月購買幾本書：□4本以下 □4~10本 □10本~20本 □20本以上

● 您喜歡的閱讀類別？(可複選)
　□文學小說 □心靈勵志 □行銷商管 □藝術設計 □生活風格 □旅遊 □食譜 □其他＿＿＿＿＿

● 請問您如何獲得閱讀資訊？(可複選)
　□悦知官網、社群、電子報 □書店文宣 □他人介紹 □團購管道
　媒體：□網路 □報紙 □雜誌 □廣播 □電視 □其他＿＿＿＿＿

● 請問您在何處購買本書？
　實體書店：□誠品 □金石堂 □紀伊國屋 □其他＿＿＿＿＿＿＿＿
　網路書店：□博客來 □金石堂 □誠品 □PCHome □讀冊 □其他＿＿＿＿＿＿

● 購買本書的主要原因是？(單選)
　□工作或生活所需 □主題吸引 □親友推薦 □書封精美 □喜歡悦知 □喜歡作者 □行銷活動
　□有折扣＿＿＿折 □媒體推薦＿＿＿＿＿＿＿＿＿＿＿＿＿＿＿

● 您覺得本書的品質及內容如何？
　內容：□很好 □普通 □待加強 原因：＿＿＿＿＿＿＿＿＿＿＿＿
　印刷：□很好 □普通 □待加強 原因：＿＿＿＿＿＿＿＿＿＿＿＿
　價格：□偏高 □普通 □偏低 原因：＿＿＿＿＿＿＿＿＿＿＿＿

● 請問您認識悦知文化嗎？(可複選)
　□第一次接觸 □購買過悦知其他書籍 □已加入悦知網站會員www.delightpress.com.tw □有訂閱悦知電子報

● 請問您是否瀏覽過悦知文化網站？　□是　□否

● 您願意收到我們發送的電子報，以得到更多書訊及優惠嗎？　□願意　□不願意

● 請問您對本書的綜合建議：＿＿＿＿＿＿＿＿＿＿＿＿＿＿＿＿＿

● 希望我們出版什麼類型的書：＿＿＿＿＿＿＿＿＿＿＿＿＿＿＿＿

廣 告 回 信
平 信 、 免 貼 郵 票
台灣北區郵政管理局登記證
台北廣字第1531號

SYSTEX
making it happen 精誠資訊 | dp 悅知文化
Delight Press

精誠公司悅知文化　收

105 台北市復興北路99號12樓

（ 請沿此虛線對折寄回 ）

當天現做！
冷便當、蒸便當或食物保溫罐都沒問題！